湛庐 CHEERS

与最聪明的人共同进化

HERE COMES EVERYBODY

发现你的积极优势

7大法则
激发职场潜能

[加] 肖恩·埃科尔 著
Shawn Achor
师冬平 译 郑晓明 审校

The
Happiness
Advantage

中国纺织出版社有限公司

肖恩·埃科尔

Shawn Achor

"哈佛幸福课"主要设计者
全球知名潜能挖掘专家
哈佛大学杰出教育家

从潜水艇中浮出的积极心理学家

肖恩·埃科尔是积极心理学家、教育家、作家和演讲家。他早年就读于军事学校，接受过魔鬼般的军事训练，还在潜水艇中受训，本应成为一名海军军官。可接下来，事情发生了180度的大转弯。埃科尔发现积极和快乐这样抽象的东西，居然能切实地提高人们的生活质量和工作效率，于是毅然决然地选择了研究积极心理学。

埃科尔以优异的成绩毕业于哈佛大学后，又攻读了哈佛神学院的硕士学位。接下来，他在哈佛大学做了8年辅导员和助教，为学生们提供咨询，并成为"哈佛幸福课"的主要设计者之一，先后获得了12次哈佛大学杰出教育奖。

Shav

"改变是可能的，
而且当我们做出这样的选择时，
不仅会给自己带来最大的竞争优势，
也会让别人的生活更美好。"

——肖恩·埃科尔

Achor

500强企业的积极行动导师

2008 年，金融危机席卷全球，埃科尔成为向世界 500 强企业中焦虑不安的经理和员工们提供积极法宝的行动导师，他从自己的理论成果中研发出"积极优势培训"项目，对 500 强中超过 1/3 的企业进行了培训，这些企业包括谷歌、毕马威、百事、星巴克、瑞银等。他的足迹遍及全球，从中国、瑞士到南非，再到美国的硅谷和华尔街。

积极培训给这些企业与员工带来了巨大变革，来自 48 个国家、275 000 人、225 个子课题的数据有力证明了埃科尔关于积极性与成功的观点。《哈佛商业评论》《纽约时报》《福布斯》《华尔街日报》《财富》以及美国有线电视新闻网（CNN）等众多知名媒体竞相报道了埃科尔关于幸福与人类潜能方面的研究。

积极心理学领域的先锋实践者

埃科尔还是一位勤奋的研究者和实践者。他先创立了好思公司（Good Think），希望帮助企业探索压力、积极性和成功之间的关系；后来又和妻子设立了好思公司的下属研究机构——应用实证研究所（IAPR），该研究所的研究人员来自哈佛大学、斯坦福大学和宾夕法尼亚大学，旨在通过向人们提供积极

心理学相关服务来提高工作绩效。

埃科尔关于积极性和职场竞争力乃至幸福之间紧密关系的理论，以及由此衍生的实操方法，都在其两部著作《发现你的积极优势》《赢得你的积极优势》中有详尽的叙述。这两部作品都是影响力广泛的畅销书，根据书中理论研发的"积极优势培训"是世界上规模最大、最成功的积极心理学培训项目之一。美国十大幸福企业正在践行这一工作理念，这个课程也正在成为越来越多企业共同的选择。

除了实践活动，埃科尔还积极投入宣传积极心理学的活动当中。2021 年《哈佛商业评论》1 月刊和 2 月刊的封面的报道都是埃科尔关于积极性的研究。他与妹妹合写了一本孩子们都能读懂的关于快乐与成功的书，旨在与儿童分享快乐的秘密。埃科尔还被知名节目主持人奥普拉邀请至家中，探讨积极性与成功的关系，这一谈话已在奥普拉的脱口秀节目《超级灵魂星期天》（Super Soul Sunday）中播出，《华盛顿邮报》也对此做了专题报道。此外，埃科尔在 TED大会上的演讲也曾轰动一时，点击量超2 000 万次。

作者演讲洽谈，请联系
speech@cheerspublishing.com

更多相关资讯，请关注

湛庐文化微信订阅号

湛庐 CHEERS 特别制作

积极性是最强的竞争优势

我在哈佛大学研究积极性多年，而曾经造访中国的经历，让我对积极性的理解发生了巨大改变。

我于 2009 年第一次来中国，为一些企业 CEO 做咨询，想验证一下我在哈佛和美国企业中所做的研究是否契合中国文化。我为中国企业和企业家进行演讲和咨询的经历，很难用几句话说清楚。如果非要我描述一下，那我会用这个词：可能性。

当我在上海、北京及其他地区工作和游历时，不禁为这个觉醒中的国家感到惊奇。世界慢慢开始相信：中国人能够取得他们希望取得的任何成就。当中国想要改变时，变化会是多么飞速。我现在仍然记得站在上海环球金融中心大厦顶层的那一刻，面对着曾经大片农田的所在地，感慨着这座城市在如此短的时间内发生的巨变。

人们常常只看到最近发生的事，而忽视了其他。如果连续 10 天都是阴雨绵绵，那么我们会感觉仿佛从没见过太阳。当寒冬结束，小鸟又重新开始歌唱时，我们又会想："已经忘记小鸟或者树叶是什么样了。"关于可能性的思考其实就是，意识到除了我们正在看到的现实，还有其他可能的现实存在。

在那些雄心勃勃、活跃在中国和世界各地的中国领导人和企业领袖身上，我确实看到了这种潜力。因此，要取得我们想达到的任何成就，就需要非常谨慎地思考自己输入头脑中的究竟是什么。

城市建设和发达的商业固然很好，但只有伴以人的全面发展才真正值得称道。城市和商业的目标应该是为家人、自己和他人创建一个更积极的世界。然而，如果对这一信念不够坚定，有时候我们就可能以快乐为代价去追求经济增长。有些人想要得到金钱、房产、名声和权力，而不关心快乐或者幸福。

基于过去 10 年我在哈佛的经验，以及为世界 48 个国家的顶级公司做咨询的经验，我得出了一个惊人的结论：积极性能激发成功。实际上，消极情绪阻碍了很多企业和国家的发展。

与中国企业家交谈时，我发现许多人都面带倦容。我们的大脑需要一段时间才能适应变化。中国发生了剧变，而我遇到的许多中国人都常常感到压力重重、筋疲力尽。随着国家经济的增长，我们经常发现自己在追求物质财富，认为更好的物质生活当然意味着更多的快乐。但是越来越多的中国人发现，有些看似毋庸置疑的文化观念并不正确。看看那些增长很快的国家，你会发现，当人们为了追求稍纵即逝的积极情绪而无限增加工作时间时，会变得很消极。科学告诉我们，还有更好的解决之道。

如果你试图以员工的积极情绪为代价换取良好的业绩，结果必然是生产力降低、效率降低和可持续性下降。而当我们的大脑处于积极的状态时，每一项

企业产出和教育产出都会提高。正如我在 2012 年 1 月的《哈佛商业评论》中
所写的那样，现代社会中最大的竞争优势是拥有积极敬业的员工。因此，如果
想看到中国和中国人的能力，看到中国会产生多么非凡的可能性，我们必须从
积极科学的坚实基础出发。

　　可能性不仅存在于宏观层面，也存在于个人层面。因此，尽管我对企业和
国家层面上发生的事情很感兴趣，但我的许多研究也在关注：在充满压力的现
代社会里，每个人如何提升自己的积极情绪水平。这本书将探讨如何帮助你的
家人、朋友和同事提升积极情绪水平，从而提高他们在学习和工作中获得成功
的概率。

　　如果你相信自己的行动会带来改变，相信自己能拥有更积极的生活和工
作，那么本书就是为你而写。我希望你能设法把这一信息传播出去。处于高速
增长中的中国，需要你这样积极的领导者。期待下次来中国时能与你交流。

积极在先，成功在后

仔细观察周围的人，你会发现大部分人都遵循着一条准则，它是由学校、公司、父母或者社会直接或者不那么直接地教给他们的。这条准则就是：如果努力，你就会成功，一旦成功，你就会快乐。这种信念解释了生活中通常最能激励我们的事物，例如我们认为：如果得到提拔，或者达到下一个销售目标，我就会快乐；如果下次考个好成绩，我就会快乐；如果瘦身 5 公斤，我就会快乐。诸如此类，总之是成功导致了你的快乐。

唯一的问题是，这一准则被打破了。

如果成功能带来快乐，那么每一个得到提拔的员工，每一个收到录取通知书的学生，每一个实现某种目标的人都应该感到快乐。但是伴随着每一次胜利，新的成功目标就会越来越高，诸如快乐之类的积极情绪也被推到了地平线外。

更重要的是，这一准则被打破是因为它正好搞反了。十几年来，积极心理学和神经科学领域开创性的研究已经证实，成功和积极情绪之间的作用机制与我们认为的正好相反。由于这一前沿科学的发现，我们现在知道，快乐是成功的先锋，而不是结果。

> "积极情绪实际上能提高绩效、激发成就，让我们获得竞争优势，我称之为'积极优势'。"

坐等快乐会限制大脑获得成功的潜力，而培养积极的大脑则令我们更有动力、更有活力、更有创造力、更有效率，从而使绩效得到提高。这一发现已经得到成千上万项科学实验的证实，而且在我对哈佛 1 600 名学生以及多家世界 500 强企业的研究中也得到了证实。在本书中，你不仅能了解到为什么积极性如此强大，而且还会看到如何在日常生活中运用它，并帮助你在工作中更成功。但是我现在很兴奋，因为我已领先了一步。接下来，我会讲讲我在哈佛学习和研究的故事，因为那里是"积极优势"这个概念诞生的地方。

THE HAPPINESS ADVANTAGE

第一部分

关于积极性的三大发现

　　这是一次成功的探索之旅，这是一场工作理念的革命。一项涉及全球 48 个国家、275 000 人、200 多个子课题，几乎涵盖了现有全部关于积极性的科学研究证实：在工作、健康、社交、创造力和活力等几乎所有方面，积极性都可以带来成功。

测一测　　　　关于如何发现你的积极优势，你了解多少？

1. 根据积极心理学原理，以下哪种人更容易在激烈的竞争中胜出？

   A. 有很好的记忆能力和应变能力的人

   B. 有强烈的好胜心的人

   C. 拥有更高的积极水平的人

   D. 认为积极特质是一成不变的人

2. 肖恩的研究证明了快乐和成功的关系，下列有关说法错误的是____。

   A. 先有快乐，后有成功

   B. 成功是快乐的先决条件

   C. 更快乐，才会更成功

   D. 快乐的领导往往能带出更成功的团队

扫码做题，
获取全书"测一测"答案及解析。

发现 1：

谁会在激烈的
竞争中胜出

究竟是什么使一些人在充满挑战的环境中表现优秀并胜出？通过近距离观察和研究大量的成功人士，积极心理学家们得出了 7 个具体、可行、可靠的法则，它们不仅可以预测成功，更能帮助我们获取成功和成就。

高中毕业时，我斗胆申请了哈佛。

我在得克萨斯州韦科城长大，之前从没想过离开那儿。即使在申请哈佛时，我也在准备扎根老家，当个义务消防员。哈佛于我，只出现在电影里，是母亲们开玩笑说孩子长大要去的地方，而我进入哈佛的机会微乎其微。我心想：将来跟我的孩子们说，你们老爸还申请过哈佛呢，那脸上多有光（在我的想象中，我假想的孩子们对我钦佩不已）。

出乎意料的是，我竟然被录取了，这让我受宠若惊。我想充分利用这个机会，于是去了哈佛，并且一待就是 12 年。

我在去哈佛前，只离开过得州 4 次，但从未出过国（虽然得州人认为，只要出得州就等于出国旅行）。我一到坎布里奇的哈佛校园，就爱上了这里。因此在获得文学学士学位后，我去了研究生院读书，并开始承担 16 门课程的助教工作，还成了聘用制辅导员，和本科生住在一起，帮他们处理棘手的问题，教他们如何在象牙塔里学业和快乐两不误。这就意味着我在一个大学校园里住了整整 12 年，这是我一开始不曾想到的。

提及这些有两个原因。首先，我将上哈佛视为殊荣，这从根本上改变了我的思维方式。我对每个时刻都充满感激，即使在面对压力、考试和遭遇困境时也是如此。其次，12 年的教学和宿舍生活让我得以全面了解成千上万哈佛学生是如何在大学生涯中应对压力和挑战的。从那时起，我开始关注这些学生，并视之为研究的样本。

为什么他们能快乐地学习

大约在哈佛大学创立之时，约翰·弥尔顿在《失乐园》中写道："心灵是自身的主宰，能把天堂变地狱，地狱变天堂。"

300 多年后，我发现这条法则活脱脱地在我面前应验了。我的许多学生视哈佛为殊荣，但有些学生很快就忘了这一点，而只关注学业负担、竞争和压力。他们不停地担忧未来，无视这一事实：他们获得的学位将为他们打开许多扇门。他们被每个小挫折弄得不知所措，无法从自己面临的可能性中获得动力。看到这么多学生的困境后，有些东西触动了我。他们不仅承受着极大的心理压力，成绩和学术表现也很差。

2009 年秋，我应邀去非洲做为期一个月的演讲。当时，南非一位名叫萨利姆的 CEO 带我去了一趟索韦托，这是约翰内斯堡城外的一个小镇，纳尔逊·曼德拉和图图大主教等许多名人都称这里是他们的故乡。

我们访问了一所紧邻贫民区的学校，这里没有电，也极度缺水。站在孩子们面前，我意识到我演讲中常用的故事在这里不会有用，与他们分享美国名校学生和商界领袖的经验似乎是不合适的。因此我尝试和他们对话，想找到一些常识性的话题，我以半开玩笑的口气问："谁喜欢做作业？"我原以为对作业的普遍厌恶能将我们联系起来，但令我震惊的是，95% 的孩子举起了手，他们天真而热情地微笑着。

事后，我开玩笑地问萨利姆，为什么索韦托的孩子如此奇怪。"他们视作业为殊荣，"他答道，"很多父母不曾享有的殊荣。"两周后我返回哈佛，看到学生们抱怨的正是索韦托的学生视为殊荣的东西。我开始意识到，我们对现实的解释大大地改变了对现实的体验。关注压力的学生视学习为例行公事，错失了面前的所有机会；而将哈佛视为殊荣的学生似乎越来越出色。最初我几乎是在不经意间发现这一点的，但现在我越来越着迷于找出使那些有潜质的人树立积极心态而最后胜出的原因，尤其是在竞争如此激烈的环境中。同样，也要找出又是什么原因使那些屈服于压力的人走向失败，或是羁绊在一个消极或平庸的位置上。

对我而言，哈佛永远是个神奇的地方，即使在这里待了12年后我依然这么认为。当我请得州的朋友们来参观时，他们觉得在大一新生食堂吃饭就像在《哈利·波特》神奇的魔法学校霍格沃兹一样。再加上美丽的建筑、丰富的资源，以及它提供的似乎无穷无尽的机会，朋友们经常在最后问我："肖恩，你为什么要在哈佛浪费时间来研究积极情绪？说真的，哈佛学生能有什么不开心的事呢？"

在弥尔顿时代，哈佛有一条反映以宗教立校的箴言：真理，为了基督和教堂。多年后，这条箴言简化为一个词：真理。现在在哈佛有许多真理，其中之一就是：虽然哈佛拥有精良的设施、优秀的教师，以及来自全美（及全世界）最好和最聪明的学生，但它还是许多长期不快乐的年轻男女的家园。2004年，哈佛校报的一项调查发现，80%的哈佛学生在一学年中至少会有一次抑郁，几乎一半学生都遭遇过难以应对的抑郁情绪。

这种不快乐的蔓延并非哈佛独有。世界大型企业联合会2010年1月发布的调查表明，只有45%的员工在工作中感到快乐，达22年以来的最低水平。今天，抑郁症患者的比例相比于20世纪60年代增加了10倍。不快乐的年龄门槛在逐年降低，这不仅发生在大学里，也遍及世界的各个角落。抑郁症的平均发病年龄从50年前的29.5岁下降到了14.5岁。既然朋友们想知道我为什么要在哈佛研究积极情绪，我就又把球踢给他们："为什么不从这里开始？"

于是我开始寻找那些百里挑一的学生——他们在幸福感、表现、成就、创造力、幽默、精力或适应力等方面均超出了平均水平。我想看看，究竟是什么因素使他们比同龄人更优秀？是什么让他们与众不同？能否从他们的生活和经验中梳理出一定的模式，以此来帮助其他人在压力和消极情绪与日俱增的世界里获得更大的成功？结果证明，这些模式确实存在。

一项科学发现很大程度上与时机和运气有关系。我偶然地找到了三位导师——哈佛大学教授菲尔·斯通（Phil Stone）、埃伦·兰格（Ellen Langer）和泰勒·本 – 沙哈尔（Tal Ben-Shahar）[①]，他们都是积极心理学领域的先锋。传统心理学关注的是导致人们不快乐的因素，以及如何使他们恢复"正常"，而三位教授打破了这一模式，运用同样严谨的科学方法研究使人们发展和成功的因素——这也正是我想回答的问题。

从异常值中学习

图 1-1 看起来有些枯燥，但正是它使我每天早上醒来时劲头十足。这也是本书研究的基础。

这是一幅散点图。每个点代表一个个体，每个轴代表一个变量。这个图可以描绘身高和体重的关系，精力和睡眠的关系，成功和积极情绪的关系，等等。研究者如果搜集到这样的数据，一定会感到很兴奋，因为图中明显存在一个趋势，这意味着我们可以发表研究成果了，这一点在学术界相当重要。在曲线上方有一个奇怪的点，我们称为异常值。这不成问题，因为我们删掉它就可

① 本 – 沙哈尔是积极心理学和领导力研究领域知名专家，致力于个人及组织机构的优势开发、领导力提升等研究工作。想了解其更多积极优势研究成果，欢迎阅读由湛庐策划、四川人民出版社出版的其著作《高效的方法》。——编者注

以了，很明显这是一个测量误差。我们知道这是一个错误，是因为它破坏了我们的数据。

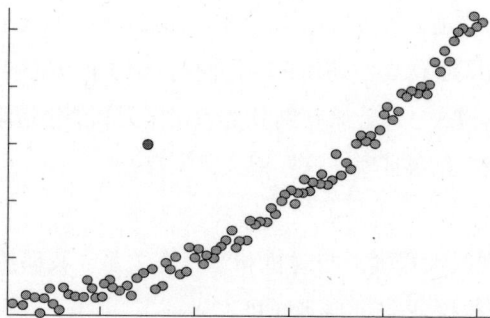

图 1-1 异常值

在心理学、统计学或者经济学课上，学生们首先学到的就是如何"清理数据"。如果你更关心所研究内容的普遍趋势，那么异常值就会扰乱你的结果。这就是为什么存在那么多程序和统计包帮助高效率的研究者消除这些"问题"。当然，这并不是作弊。这些都是具有统计意义的必要过程。但如果研究者只对一般趋势感兴趣的话，那我不是其中一员。

理解人类行为的典型方法一直都是寻找平均水平的行为或者结果。但是在我看来，这种有误导的方法在行为科学领域制造出了我所谓的"平均迷信"。如果有人想知道："儿童在课堂上学习阅读的速度有多快？"科学就会将问题变为："儿童在课堂上学习阅读的平均速度有多快？"然后我们就忽略了那些读得快或读得慢的儿童，在课堂上根据平均水平来施教。这就是沙哈尔所称的"平均的错误"，也是传统心理学犯下的第一个错误。

"如果我们只研究平均水平，那我们只能保持在平均水平上。"

传统心理学有意地忽略了异常值，因为它们不符合模型。而我所做的正好相反：不删掉这些异常值，而是从中学习——关注而非删除异常值，这个概念最初由亚伯拉罕·哈罗德·马斯洛（Abraham Harold Maslow）提出，他解释说有必要研究曲线的顶端。

诚然，许多心理学研究者不仅研究平均水平，而且关注低于平均水平的人。沙哈尔在《幸福的方法》一书中提到，这是传统心理学犯下的第二个错误。当然，那些低于平均水平的人最需要帮助——赶走抑郁、酒精滥用或者长期压力，因而心理学家们花费了大量精力来研究如何帮助这些人康复。这样的工作虽然有价值，但它只反映了事物的一面。

你可以帮助一个人走出抑郁，却没有帮他积极起来；你可以治好一个人的焦虑，却没有教会他乐观；你可以让一个人重返工作，却无法提高其工作绩效。如果致力于减少不好的方面，你就只能达到平均水平，并彻底失去超越平庸的机会。

令人惊奇的是，截至 1998 年，心理学领域中消极现象和积极现象研究的比例是 17 : 1，也就是说，每 1 项关于快乐和发展的研究背后，就有 17 项关于抑郁和疾病的研究。难怪我们对疾病和不幸了解得很多，而对积极的事情却知之甚少。

"你可以永远研究万有引力，而不学习如何飞翔。"

我不由得想起几年前发生的一件事。我曾应一所知名寄宿学校之邀，为该校的"健康周"做演讲。健康周的话题如下：星期一，进食障碍；星期二，抑郁；星期三，毒品和暴力；星期四，不安全性爱；星期五……天啊，这不是一个健康周，简直是一个疾病周！

这种关注消极现象的模式不仅盛行于学术领域和学校中，整个社会也是如此。新闻频道大部分时间都在播放事故、腐败、谋杀和毒品滥用等内容。这种模式促使我们的大脑相信，这一可悲的比例就是现实，生活中大部分事件都是消极的。你听说过医学院综合征吗？在医学院就读的第一年里，学习某些疾病和症状时，很多学生会忽然认为自己患上了这些疾病。正如本书始终强调的，我们投入时间和心力的事物确实会变成我们的现实。

只研究人类经验的消极面是不健康的，从科学的角度看也是不负责任的。1998 年，时任美国心理协会主席的马丁·塞利格曼（Martin Seligman）[1]宣布，到了转变心理学传统研究方法，开始更多关注积极一面的时候了。我们需要研究什么是有用的，而不仅仅研究什么是有病的。于是，"积极心理学"诞生了！

更快乐，更成功

2006 年，沙哈尔博士问我是否愿意做他的首席助教，帮忙设计和教授一门叫"积极心理学"的课程。当时，我们俩都没什么名气，觉得只要有 100 名学生选修这门课，就已经很幸运了。

在接下来的两个学期里，将近 1 200 名哈佛本科生选修了这门课。这意味着，在世界上最挑剔的大学里，有近 1/6 的本科生听了幸福课。我们很快意识到，他们来听课是因为他们渴望变得更幸福，并且不是在将来的某一时刻，而是在现在。他们来听这门课是因为他们拥有优势，却还是感到不满足。

让我们想象一下这些学生的人生：一岁时，他们是穿着连体婴儿服的小宝宝，被认为"天生的哈佛料"；从上幼儿园小班起就名列前茅，然后一路都是百里挑一的资优生。他们不断赢得奖学金，打破纪录。这种高成就不仅是被鼓励出来的，更多的是被期待出来的。我认识一个哈佛学生，他妈妈把他所有手写的练习本和画在餐具垫上的作品都保留了下来，因为"有一天这些会陈列在博物馆里"。

---

[1] 想学习塞利格曼积极心理学，提高幸福水平，欢迎阅读由湛庐策划出版的"塞利格曼幸福五部曲"系列。——编者注

　　他们进入哈佛后，在开学第一天自信地迈进霍格沃兹般的新生食堂时，便发现了一个可怕的真相：总有 50% 的学生会位于平均水平之下。

　　我喜欢这样告诉我的学生：如果我的计算正确的话，99% 的哈佛学生不会以前 1% 的成绩毕业。但是，他们认为这个玩笑一点儿也不好玩。

　　背负如此巨大的压力，这些孩子一旦失败就直接跌入低谷也就不足为奇了。

　　聪明人可能会做出最不聪明的事。在压力之下，这些最优秀和最聪明的人愿意牺牲快乐来换取成功，正如我们中的许多人一样。他们接受的是这样的教导：如果努力，就会成功；只有成功，你才会快乐；只有变成投资公司的合伙人，获得诺贝尔奖，或者进入国会，才能得到快乐。

　　但实际上，心理学和神经科学的最新研究表明，事实正好相反：当我们更快乐、更积极时，我们会变得更成功。例如：具有积极情绪的医生，他们做出的明智且富有创造性的诊断几乎是具有中性情绪医生的三倍，而且他们做出准确诊断的速度要比后者快 19%；乐观销售员的业绩要比悲观的同行高出 56%；在考试前心情愉快的学生的成绩要远远高于心情一般的学生。这些结果表明，我们的大脑表现最好的时刻绝不是消极悲观或心如止水的时候，而是被积极情绪包围时。

　　然而具有讽刺意味的是，如今我们常常牺牲快乐来换取成功，结果却降低了成功的概率。野心勃勃的生活让我们压力倍增，深陷不惜代价获得成功的泥沼。

激发职场潜能的 7 大法则

　　对积极心理学领域的成果了解得越多，就越会发现，获得高成就的最快途径不是一门心思地工作，激励员工的最佳方式不是制定严厉的规则，更不是营造一个充满压力和恐惧的环境。幸运的是，我可以在我的学生身上检验这些观点。

作为大一新生的辅导员，十几年来我有幸近距离地观察他们的习惯和烦恼，我可以阅读所有学生的录取档案，查看录取委员会的评价，观察学生在学业和社交方面取得的进步，了解他们毕业后的就业情况。作为16门课程的助教，我也可以收集到他们大部分人的课堂成绩。为了了解学生在考试和成绩单之外的东西，我还将星巴克作为我的"咖啡办公室"，与学生见面聊天，倾听他们的故事。

然后我记录了这些观察，并用来设计和开展了一项包含1 600个高成就本科生的实证研究，这也是哈佛最大的关于积极情绪的研究项目之一。究竟是什么使一些人在充满挑战的环境中表现优秀并胜出，而又是什么使一些人碌碌无为，永远也没有成为他们本可能成为的样子？相信我所发现的，以及你将要读到的内容，不仅对哈佛大学生，而且对所有职场人都会有所启示。

通过搜集和分析大量数据，我总结出了7个具体、可行、可靠的法则，它们不仅可以预测，更能帮助大家获取成功和成就。

这7个法则帮助哈佛学生及成千上万现实世界的人们克服了阻碍，改掉了坏习惯，变得更有效率和创造力，使他们能够充分利用机会，实现最具野心的目标，发挥他们的最大潜能。

虽然我很喜欢做与学生相关的工作，但我真正想做的是看看这些法则在现实世界里是否也能带来积极情绪和成功。为了在学术界和企业界之间搭建一座桥梁，我在2003年成立了一家名叫Aspirant的小型咨询公司，在企业和非营利组织里传播和检验这一研究成果。

不久之后，全球经济开始崩溃。

发现 2：

转变工作理念
是核心

积极特质能为组织与个人带来变革：能将组织的生产力平均提高 31%，将销售人员的销售额平均提高 37%，将医生的正确诊疗率平均提高 19%，将 CEO 的效率平均提高 15%，将企业的客户满意度平均提高 12%，使最积极的保险业务员和最消极的同行之间的业绩相差 88%。

2008 年秋，当飞机掠过津巴布韦的稀树草原时，我忽然开始感到紧张：在一个刚刚遭遇了金融系统彻底崩溃的国家里，我怎么能给这里的人做一场关于积极心理学研究的报告呢？当天晚餐时，一个人问我："肖恩，你认识多少亿万富翁？"我开玩笑地回答说几乎没有。他转身问大家："在座的亿万富翁请举手。"晚餐桌上所有人都举起了手。看到我震惊的反应后，另一个人解释说："这没什么稀奇的。我刚花了 1 万亿津巴布韦币买了家巧克力店。"

津巴布韦刚刚经历了货币系统的彻底崩溃，所有金融机构都在努力求生存，国家甚至一度转向了实物交易。在接二连三的危机冲击下，我担心没人会听我研究的东西。但令我惊讶的是，人们比以往更热切地想听到这些法则背后的研究。他们希望在这次前所未有的挑战中恢复元气，他们知道自己需要一套全新的工具来实现目标。

重新思考我们的工作方式

当我发现无论经济是繁荣还是衰退，积极心理学的 7 条法则都可以神奇地应用于工作领域时，经济崩溃也正将人们对积极情绪的需求变为现实。这些法则不仅能帮助商业人士和专业人士保持幸福感，还能帮他们最大限度地发挥活力和创造力。越来越多的企业意识到了这一点，因为许多曾经战无不胜的企业也向我发出了邀请。

一年之内，我走进了五大洲 40 个国家的企业中做演讲，我发现这些法则在我去过的所有地方都适用。对我这样一个出门次数不多的人而言，能与全球这么多人相遇实在荣幸，每个人都有各自不同的关于积极情绪、困难和活力的故事。这也是一次很好的学习机会，经济危机期间我在非洲和中东地区对于积极情绪的学习要比我 12 年的封闭学习收获更多。本书正是关于这些经历和研究的成果。从华尔街的交易员到坦桑尼亚的中小学教师，再到罗马的销售员，他们都可以使用这些经历过危机考验的法则来推动自己前进。

2008 年 10 月，我应邀到美国运通公司为副总裁们做演讲。那时美国国际集团刚刚受到美国联邦储备委员会的监管，雷曼兄弟公司刚刚破产，道琼斯指数位于历史低点。因此当我走进运通公司的会议室时，气氛严肃得让人透不过气来。面容苍白的高级主管们疲倦地望着我，通常在这类讲座开始时，他们的黑莓手机都会响个不停，而这次却出奇地安静。就在我演讲前的半小时，公司刚刚宣布大量裁员、领导层重组以及被一家银行收购的消息。我当时心想，这些听众是听不进去我的报告了。

就像在津巴布韦一样，我认为一群心烦意乱的人最不乐意听到的就是积极心理学。然而事实证明这是我遇到的最投入、认同度最高的群体之一。90 分钟的报告延长至大约 3 个小时，主管们纷纷取消了预约，推迟了其他会议。就像来上哈佛幸福课的上千名学生一样，这些精明能干的商业人士也急于想了解这门新的科学，以及它如何为他们的工作和事业带来成功。

由于全球最大的几家银行率先遭受经济衰退的重创，因此它们也是积极心理学的最早践行者。我开始为全球最大（受冲击最强）的金融机构的高级领导人、管理层和 CEO 讲授本书中提及的这些法则。随后我的听众范围扩大至遭受经济危机重创的其他行业中的所有人和公司。这不是一个快乐的时期，这些人也不是快乐的听众。但是我发现，不管人们身处哪个行业、哪家公司，或者在公司中的地位如何，他们都愿意以开放的姿态，学习利用积极心理学来重新思考他们的工作方式。

积极的工作理念带来的巨大变革

与此同时，我的积极心理学研究的同事们完成了一项"元分析"，这项研究几乎涵盖了现有的所有关于积极性的科学研究，涉及全球 275 000 人、200 多项子课题。研究结果证明，在工作、健康、友谊、社交、创造力和活力等几乎所有方面，积极性都可以带来成功。这鼓励我把这些法则应用到更多人身上。

例如，税务审计师一般都不怎么快乐。于是 2008 年 12 月，在毕马威会计师事务所进入几十年来压力最大的税收季前，我给他们的 250 名管理人员进行了 3 个小时的积极心理学培训。实验表明，这些法则确实在非常短的时期内发挥了作用，相比没有接受培训的控制组而言，参加培训的审计人员自我报告的压力分数要低很多。

在瑞银集团、瑞士信贷集团、摩根士丹利公司和其他许多处于困境中的大公司，培训都产生了同样的效果。在这次大萧条中，这些公司都在勒紧裤腰带，努力求生存，但他们还是为我的培训留出了预算。这些公司的领导层意识到，要帮助他们的公司在困境中崛起，需要的不仅仅是技术方面的能力。

不久，法学院和法律事务所也来敲门了。研究人员发现，律师患抑郁症的概率要比职场人群的平均水平高出 3 倍多。学法律的学生也承受着越来越大的精神压力，有几个哈佛法学院的学生告诉我，他们宁愿在狭小的教育学院图书馆里学习，也不愿意和其他法学院的学生待在同一间屋子里，因为即使没有人开口说话，压力也会像二手烟一样在空气中弥漫。

　　为了改善这令人苦恼的现状，我为全美律师和法律专业的学生讲授了这 7 条法则。我们一起讨论如何利用积极思维获得竞争优势，如何构建社会支持体系以消除焦虑，以及如何保护自己免受消极气氛的影响，效果立竿见影。他们即使承受着沉重的学业压力，背负着不现实的期望，也能利用"积极特质"减少压力，并在学术生涯和专业领域里获得更大的成就。

　　虽然积极心理学的成果相当丰富，但鲜为人知。读研究生时，沙哈尔告诉我，每篇学术文章的读者大约只有 7 个人，其中有一人还是研究者的妈妈。这可真是讽刺。

　　而在商业和专业领域里，了解积极心理学开创性成果的人更是少之又少。那些承受着超负荷压力的律师没有意识到，已经有具体的技巧可以使他们避开这一职业的风险；老城区学校的老师不了解，有研究已经甄别出成功教学的两种最好方法；而《财富》500 强企业仍在使用的激励计划，早被前辈们证明是低效的。

　　如果一项研究让 CEO 们的效率提高了 15%，让经理们把客户满意度提高了 12%，那么该领域的人就应该知道这项研究，这样你才会确切地知道，如何利用积极心理学的 7 条法则，为你的事业和工作赢得竞争优势。

　　基于积极心理学 20 年间的革命性发现，以及我的进一步实践研究，这 7 个法则均得到了现实的检验和修订。实际上，这 7 个法则是一套工具，不论职业或职位如何，所有人都可以在日常生活中使用它们，以取得更多成就。最妙的是它们不仅可以在处理一项具体事务中发挥作用，还可以帮助你克服困难，改掉坏习惯，变得更有效率、更有创造力，最大限度地把握机会，帮你实现最具野心的目标。

　　而有些事情是这 7 个法则做不到的。它们不会让你戴上一张快乐的面具，利用"积极思维"幻想问题消失，或者假装问题不存在。在这里，我不是要告诉你所有事情都会美好而顺利，因为以我的经验来看，这种观点绝对是骗人的。我曾经听到一家大型财务机构的高级主管抱怨："现在是下午 1 点，我今天听到'公司已渡过难关'这句话至少 6 次了。如果我们已经渡过 6 次难关了，我真不知道现在我们在哪里。"

　　本书的出发点与此不同。积极特质要求我们实事求是地对待现在，同时为了未来，最大化激发我们的潜能。积极特质是学习培养能激发更大成功和自我实现的心态和行为，它是一种工作理念。

发现 3：

可习得的
积极优势

研究证明，我们有许多方法能永久性地提升幸福基准线，获得更积极的心态。发现积极优势的 7 条法则，能让我们变得更快乐，让压抑和消极的大脑看到更多的可能性，为所有付出努力的人带来竞争优势。

现在，我们来做一个谜题：

假设，你很不幸地被关在一个钛金属笼子里。为了生存下去，你必须每小时吃掉 240 个非常小的饭团。但是，这些饭团被放在笼子外一些非常小的洞里，起初要花 30 秒钟才能取到 1 个饭团。如果你不能更快地完成这项任务，就只能吃个半饱，这时你该怎么办？

答案是：扩大你大脑中负责该任务的脑区，然后你可以更快地拿到饭团。

不可能？不要这么快下结论。实际上这个谜题来自神经科学领域一个著名的研究，只不过实验的对象不是人，而是松鼠猴。虽然洞口在逐渐变小，但在 500 次实验后，这些猴子变得非常熟练。我们都知道"熟能生巧"，但真正有趣的是，当猴子们越来越快地取回食物时，研究人员看到了猴子大脑发生的变化。

当猴子一次又一次地取回食物时，研究人员利用植入性电极发现，由该任务所激活的那部分大脑皮层已经扩大了好几倍。而这一过程并没有经过许多代的进化，仅仅用了几个月。

好的，你也许会说，这是对松鼠猴的实验，而大部分时候我们不会在组织中雇用一只猴子。但是最近的神经科学前沿成果表明，这一过程同样会发生在人身上。

"我注定不快乐。""你不可能教会一只老狗新把戏。""有些人生来就愤世嫉俗，永远也不会改变。""女人不擅长数学。""我不是一个有趣的人。""她生来就是运动健将。"我们常以为我们的潜能在生物层面上是固定的，大脑一旦成熟，试图去改变它就变得毫无意义。

如果我们没有能力做出持续的积极变化，本书就是一个残酷的玩笑——它对那些已经具有积极心态和成功的人来说，是一个亲切的鼓励，而对其他人则没有任何用处。如果我们无法真正变得更具积极特质，那么发现积极情绪可以激发成功又有什么益处呢？

基因决定论是现代文明中最有害的理论之一。为了解释这一点，让我带你返回非洲。

我们能有多大的改变

在古埃及，雕刻和文字记载了一种神秘的动物，一半像斑马，一半像长颈鹿。当 19 世纪的英国商人发现这些雕刻时，他们将这种动物称为"非洲独角兽"，并认为这是一种被想象出来的动物，从生物学上讲是不可能存在的。然而，刚果河流域的土著人坚持说，他们确实曾在森林深处看见过这种动物。即使没有现代基因学的帮助，英国探险家也知道这很荒唐。长颈鹿不会同斑马交配，当然也生不出后代。许多年来，西方生物学家一直在嘲笑这些土著人的无知和迷信。

1901 年，勇敢无畏的哈利·约翰斯顿爵士（Sir Harry Johnston）遇到一群被德国探险家绑架的侏儒土著人，约翰斯顿对这种暴行感到惊骇的同时，支付了一笔数额可观的费用换得土著人的自由。出于感激，获得自由的土著人赠予了他一些据称是"非洲独角兽"的皮毛和头骨。当他把这些皮毛和头骨带回欧洲后，人们认为他很可笑。但约翰斯顿声称，虽然他没有亲自看见过独角兽，但他的确见到过它的足迹。

1918年，一只活的㺢狓，也就是"非洲独角兽"，在原始森林里被捕获。10年后，第一只㺢狓在比利时的安特卫普市成功交配。今天，"神秘的"㺢狓已经一点儿也不神秘了，在全世界各地的动物园里都可以见到它，你也可以从网络上看到这种神奇的生物。

20世纪的大部分时间里，学术界普遍认为，我们成年后的大脑已固定下来，不再改变了。

而若干年后，科学家们发现了思想可以改变大脑结构的线索，这次不是在㺢狓的头骨中发现的，而是在一位出租车司机的头骨内。研究人员研究了伦敦出租车司机的大脑，发现了一些以前不可想象的东西。出租车司机大脑中的海马明显要比普通人的大，而这一大脑结构是专门负责空间记忆的。

为什么会这样？为了获得答案，我找到了一位伦敦的出租车司机。他向我解释说，伦敦的街道不同于曼哈顿或者华盛顿那样棋盘式的布局，在伦敦开车就像在一个错综复杂的迷宫里兜圈，这需要司机拥有一个庞大的内部空间地图。在取得执照开上伦敦著名的黑色出租车之前，司机们必须参加一项名为"知识测验"的领航考试，这个考试很难。

但谁关心这个呢？尽管更大的海马不会让你感到兴奋，但这个事实迫使科学家们承认：通过改变生活方式来改变大脑是完全可能的。

由于大脑扫描技术变得越来越复杂和精确，这类证据也越来越多。

改变大脑曾被认为是不可能的，但现在却成为一个众所周知的事实。一旦发现大脑具有这样的可塑性，我们在智力和个人成长方面的潜能就忽然变得值得期待了。正如后文中所要讲到的，研究已经发现有许多方法可以重塑我们的大脑，能使其变得更积极、更有创意、更具活力和效率，并使你在看待周围世界时看到更多的可能性。

确实，如果思想、日常活动和行为能改变我们的大脑，那么问题就从"改变是否可能？"变成了"能有多大的改变？"

微小的干预能产生恒久真实的变化

一个人最多能记住多少数字？人可以长到多高？一个人能赚多少钱？人能活多久？吉尼斯世界纪录列出了许多伟大的纪录，但这是一个僵化的纪录，它只说出了已经取得的成就，而没有讲明未来还有多少可能。因此它必须被不断更新，纪录永远都在被打破，所以永远都是过时的。

20 世纪 50 年代，经过对人体物理特征的严格测试和数学计算，专家们得出结论：人不可能在 4 分钟之内跑完 1.6 公里。然而，1954 年英国中长跑运动员罗杰·班尼斯特（Roger Bannister）跑出了 3 分 59 秒 4 的成绩。此后，每年都有一些运动员的最好成绩达到 4 分钟以内，且一次比一次快。人类跑完 1.6 公里的最短时间到底是多少？或者人类究竟能多快地游完 100 米或跑完马拉松？老实说，我们不知道。这就是每届奥运会上我们都屏住呼吸，期待诞生新纪录的原因。

我们不知道人类潜能的极限，同样，我们也不知道大脑为了成长和适应变化而拥有的潜能极限，但我们知道：这种变化是可能的。

如果变化是可能的，那么自然会产生以下疑问：这种变化会持续多久？能够利用这些法则为我们的生活带来真正、持久的变化吗？是的。正如你将在本书第二部分读到的那样，研究证明，我们有许多方法能永久性地提升幸福基准线，获得更积极的心态。既然本书是关于积极优势的，自然会提供这类方法，让人们变得更具积极心态，让悲观者变成乐天派，让压抑和消极的大脑看到更多的可能性，为所有付出努力的人带来竞争优势。

我的亲身实践证实了积极心理学持久的有效性。如前文所述，毕马威培训一周后的测验显示，实践 7 条法则后，员工们感到压力明显减小，他们比以前更积极、更乐观。可一旦"蜜月效应"消失后，这些法则还能在他们的生活中发挥真正的作用吗？或者一旦工作压力增大，他们是否又会回到原来的老习惯上？为了回答这一问题，4 个月后我重访了毕马威。不可思议的是，该研究的积极效应依然存在。由于经济开始从 2008 年的低点缓慢回升，控制组成员的精神状态略有好转，然而，那些之前参加过培训的管理人员报告的生活满意度明显更高，工作效率明显更高，压力明显更少。更重要的是，统计分析表明，这些积极效应正是源于那次培训。我们再一次看到了微小的积极干预在工作中产生的恒久变化。

我曾经与一位睡眠专家聊天，他的数据研究表明，睡得越多，越显年轻。"那你一定每天睡 23 个小时了。"我开玩笑说。"肖恩，我是一个研究睡眠的人。我通宵看别人睡觉。我从来不睡。"他透露了年龄后，我才发现他看上去比实际年龄要老 10 岁。这种情况太常见了，拥有知识还不足以改变我们的行为，更不足以创造真正持久的变化。

2009 年夏天，我发现自己正陷入这一陷阱。我一个月内飞越了好几次大西洋，没有给朋友和家人打一个电话，结果我感到不堪重负。简而言之，我一直倡导的积极情绪之道与我的行为背道而驰。从苏黎世到波士顿 10 个小时的航程最终压断了骆驼的后背。这不是比喻，而是事实。后背和腿部的突发剧痛让我被乘务员匆忙送进急救室，并被诊断为腰椎间盘突出。结果，在接下来的一个月里，我都只能躺在床上或者地板上。在治疗期间，我不能再旅行或者继续我的研究，被迫减慢节奏，并真的把这些法则付诸实践。我最终看到我都错失了什么。这些法则在我发生个人危机时为我带来了变化，就像它们为经济危机中的员工带来变化一样。我将永远感激那几个月，因为它给了我时间，让我实践自己一直宣传的东西，它使我的心态和行为发生了同样的变化。

只阅读本书是不够的。把这些法则付诸实践需要实际的投入和努力，只有那样回报才会开始涌现。好消息是：这种回报确实是巨大的。与其他励志书不同的是，本书中提及的每一条法则都建立在严谨的科学研究基础上，且经过多重检验，并被证明是有效的。另外，尽管科学总是让人激动万分，但常常不为人所知，付诸实践就更别提了。我写本书的目标就是要在这道鸿沟上架起一座桥梁。

THE
HAPPINESS
ADVANTAGE

3. 以下哪种观点有利于激发职场潜能？

　　A. 用"关键 20 秒"培养好习惯

　　B. 不要把时间浪费在人脉这种虚无的事情上

　　C. 时刻保持乐观主义

　　D. 消极情绪的比例大于积极情绪的比例

4. 以下哪种做法无法帮助我们提升积极水平？

　　A. 保持期待

　　B. 有意行善·

　　C. 练习一项优势

　　D. 维持规律的饮食

法则 1：

用适当的积极和
消极比提升绩效

心理学家对高绩效团队和低绩效团队长达 10 年的研究发现：对一个成功的团队来说，积极互动和消极互动要有一个恰当的比例。

没有人过来和我交谈。还有几分钟我就要给韩国三星公司的高管们讲积极情绪和绩效的惊人关系了，现在正等着人力资源经理把我介绍给大家。通常，我很喜欢在演讲前这短暂的间歇结识大家，但是今天所有经理都目光空洞地盯着前方，而完全不理会我一再发出的交谈暗示，于是我只好灰溜溜地假装摆弄我的幻灯片。终于，有人走进了房间，自我介绍他叫布莱恩，是集团的领导人。这时我才知道，这次演讲的策划者忘了提醒我一个小小的细节：没有人会讲英语。

多年以来，我们一直接受着这样的教育：如果努力，我们就会成功；只有成功，我们才会快乐。如今，积极心理学领域的突破性成果让我们了解到，真理正好相反。当我们快乐时，心态和情绪是积极的，我们会更加聪明，更有动力，也更加成功。积极心态才是中心，成功围着它转。

但许多企业及其领导人仍然固执地相信，现在拼命干，努力工作，我们就会成功，会在遥远的未来收获快乐。当我们为实现目标而努力工作时，快乐要么是不相关的，要么是一件可有可无的奢侈品，要么是一生辛劳后赢得的奖励。有人甚至把它看作一个不足，把快乐看成是还不够努力的迹象。而很多人没有意识到的是，当听信这一误导时，我们不仅破坏了心中怀有的那份幸福感，还丧失了取得成功和成就的机会。

那些最成功的人，那些最具有竞争优势的人，并不把快乐看作一种在未来才能得到的奖赏，也不会整天拼命干活，让自己陷入麻木或不停的抱怨中，他们能充分利用积极心态，在每一回合都会有所斩获。"法则 1"将告诉你他们是如何做到这一点的，为什么这么做会有效，以及如何让你自己也能有所收获。积极特质也是一场哥白尼式的革命——它告诉我们，地球绕着太阳转，成功围绕着积极特质转。

可是，到底什么才是积极特质呢？再回到三星公司的案例，也许我们能发现些什么。

那天，三星公司平时雇用的翻译因病不能到场，换上了布莱恩顶替。快要开始时，他倾过身来悄悄对我说："我的英语不怎么好。"

在接下来的 3 个小时里，我每讲一分钟就停下来转向我的"翻译"。不知道他翻译得有多准确，但我知道他的确抓住了我讲的笑话的精髓。由于这个过程磕磕绊绊的，我决定换个方式，鼓励高管们互相讨论。"为了研究积极情绪如何影响绩效，"我说，"我们需要一个定义。因此我在这里向你们提出一个问题：什么是快乐？"我正为最后的这个小练习自鸣得意，并等着布莱恩翻译给大家时，他的样子却显得很迷惑，他倾身过来，紧张地问我："你不知道快乐是什么吗？"

我一下愣住了："我知道，但我的意思是说我希望大家一起来讨论快乐的定义。"

他捂住麦克风，又一次靠过来，很明显他正努力不让我感到尴尬。"我可以上谷歌帮你搜搜。"

积极情绪是成功不可分割的一部分

虽然我很感激他的提议，但即使是无所不知的谷歌也给不出这个问题确切的答案。每个人的体验不同，因此快乐的定义绝不只有一个。这就是科学家们将之称为"主观幸福感"的原因，因为快乐基于我们每个人对生活的感受。实际上，你有多快乐的最佳裁判就是你自己。因此快乐的实证研究必须依赖于个体的自我报告。幸运的是，经过对全世界上百万人的测验和精心修编，研究人员开发出了一套自我报告的标准，可以准确而可靠地测量个体的快乐。

那么科学家们是如何定义快乐的呢？从本质上讲，快乐是一种积极的情绪体验——除了愉悦，还包括深刻的意义感和目的感，它包含着对当下的积极心态和对未来的积极展望。积极心理学之父塞利格曼把快乐分为三个可测量的部分：愉悦、投入和意义。他的研究证实：那些只追求愉悦的人只能体验到快乐带来的部分好处，而同时追求这三个部分的人才可能过上最充实的生活。或许描述快乐最精确的词语是亚里士多德的"幸福"（eudemonia）一词，它不单指人类的"快乐"，还指"繁盛"（human flourishing）。这一定义深深地触动了我，因为它承认快乐不只是灿烂的笑脸和彩虹。对我而言，快乐更是我们努力发挥潜能时体会到的无上喜悦。

积极优势挖掘 **指南**

> 积极心理学之父塞利格曼把快乐分为三个可测量的部分：愉悦、投入和意义。他的研究证实：那些只追求愉悦的人只能体验到快乐带来的部分好处，而同时追求这三个部分的人才可能过上最充实的生活。

快乐首先是一种感受，它的发动机是积极的情绪。实际上，相比"快乐"一词的模糊且难以衡量，一些研究者更多采用"积极情绪"或"积极心态"这类词。芭芭拉·弗雷德里克森（Barbara Fredrickson）是北卡罗来纳大学的研究者，也是这一课题的世界顶级专家。她描述了 10 种最常见的积极情绪："喜悦、感激、宁静、兴趣、希望、自豪、逗趣、激励、敬佩和爱"[①]。相比灿烂的笑脸，这是更为丰富的描绘。在本书中，你会发现积极情绪、积极心态、快乐这些词是交替使用的，不管你怎么称呼它，对这种感觉的不懈追求是我们独特人性的一部分。作家和哲学家们用无数著作说明了这一点，而他们远比我更有说服力。但是正如我们将要看到的：

> **"积极情绪不仅仅是一种良好的感觉，也是成功不可分割的一部分。"**

涉及 200 多个子课题、275 000 名被试的积极情绪研究分析发现，几乎在我们生活的所有领域，包括婚姻、健康、友谊、团体活动、创造力，尤其是工作和事业中，积极情绪都会带来成功。有充分的数据表明：有积极特质的员工效率更高，销售额更多，在领导岗位上表现更好，会得到更高的绩效评价和更多的薪酬；他们也有更多的职业安全感，不易生病、辞职或者疲惫不堪。有积极特质的 CEO 更容易带出快乐而健康的团队，他们也更容易产生高绩效。要列出积极情绪在职场中的好处，我们恐怕永远也写不完。

你也许会想：人们之所以快乐，或许是因为他们效率较高，能赚较多的钱。那么，到底谁是鸡，谁是蛋？是先有鸡，还是先有蛋呢？快乐在先，还是成功在先？

如果快乐是成功的最终结果，那么公司和学校中盛行的信条就是正确的：除了效率和绩效之外，我们的身心健康都是浮云，先要成功，再谈快乐。看来，必须请出积极心理学的有力证据戳穿这一理论了。

[①] 关于积极情绪带给生活的诸多好处，欢迎阅读由湛庐策划、中国纺织出版社出版的弗雷德里克森的著作《积极情绪的力量》。——编者注

要想回答先有鸡还是先有蛋的问题，心理学家们的方式就是长期追踪！有一项研究首先测量了 272 名员工的初始情绪水平，然后在接下来的 18 个月追踪记录他们的工作绩效。研究发现，排除了一切无关因素后，那些一开始就更具积极心态的员工最后获得了更好的评价和更高的薪酬。另一项研究发现，大学一年级新生的积极情绪水平甚至能够预测他们 19 年后的收入，不管他们最初的财富水平如何。

关于积极心态最著名的追踪研究来自一个令人意想不到的地方——天主教修女的旧日记。这 180 位修女来自巴黎圣母院的修女学校，她们都出生于 1917 年之前，每天都要以自传的形式写下自己的想法。50 多年后，一群聪明的研究人员对日记中的情绪内容进行了编码，他们想知道，修女们 20 多岁时的情绪水平是否能够预测她们余生的生活质量？得到的答案是肯定的：日记里表现出更具积极心态的修女差不多多活了 10 年。到 85 岁时，25% 最具积极心态的修女中有 90% 仍然健在，相比而言，25% 积极情绪水平最低的修女中只有 34% 还在世。很明显，修女们 20 多岁时体会的积极心态并不是来自她们对长寿的未卜先知，她们的健康长寿是积极心态的结果，而不是积极心态的原因。

由此，我们得到了另一条线索：积极心态能够改善我们的健康状况，而健康的员工在工作中更有效率与创造力。相信听到这一消息，企业关心员工积极心态的动力又多了一分。研究表明，消极悲观的员工会请更多病假，平均每个月在家里多待 1.25 天，每年多请 15 天病假。有一项听起来就不舒服的研究，绝对能说服你承认积极情绪是健康的原因。在研究开始前，每位被试都接受了积极情绪水平的测量，随后工作人员为他们注射了一种感冒病毒。一星期后的追踪调查显示，那些一开始就更具积极心态的人更好地战胜了病毒。他们不仅感觉更好，根据医生诊断，他们也表现出更少的临床症状——打喷嚏、咳嗽、发炎和充血的现象都较少。这意味着如果采取措施来营造一个积极正向的工作环境，那么企业不仅会拥有更具创造力和效率更高的员工，缺勤率和医疗支出也会更少。

心理学家们早就认识到，消极情绪会使我们的思想和行动范围变狭窄，因为在史前时代，如果一只剑齿虎追着你跑，恐惧和紧张的情绪会帮你释放出化学物质，要么让你和剑齿虎分个高下（效果也许不会很好），要么让你拼命逃跑（这场竞赛你也未必能赢）。然而，相比什么都不做，坐等着被当成点心，这是两种更好的选择。那么积极情绪有什么进化意义呢？直到最近，科学家们仍在说，积极情绪仅仅使我们感觉更好，然后呢？就没有然后了。

幸运的是，近20年来的大量研究发现，积极情绪实际上有非常重要的进化意义，芭芭拉称之为"扩展和建构理论"。消极情绪使我们的行动限制在搏斗或者逃跑两种选择上，而积极情绪则可以拓宽我们的思路，使我们更善于思考，更有创意，产生更多新点子。即使是实验室中制造出的"有趣"和"满足感"，也能让人产生更开阔的思维和观念。当积极情绪以这种方式拓展我们的认知和行动范围时，它不仅能使我们更有创造力，还能帮我们构建更多智力、社交和健康的资源，而这些都是我们将来可以依靠的东西。

最近的研究表明，这种"拓展效应"确实可以带给我们生物学层面的竞争优势。积极情绪会使我们的大脑充满多巴胺和血清素，这两种化学物质不仅使我们感觉良好，而且能提升大脑学习中枢的激活水平。积极情绪还能帮助我们组织新信息，使信息在大脑中储存的时间更久，提取信息速度更快。积极情绪还能使我们产生和保持更多的神经联结，使我们更快速、更有创意地思考，在进行复杂的分析和解决问题时，运用更多的技巧，发现新的处理方式。

积极优势挖掘指南

近20年来的大量研究发现，积极情绪实际上有非常重要的进化意义，芭芭拉称之为"扩展和建构理论"。消极情绪使我们的行动限制在搏斗或者逃跑两种选择上，而积极情绪则可以拓宽我们的思路，使我们更善于思考，更有创意，产生更多新点子。

感到快乐时，我们甚至可以看到周围更多的东西。多伦多大学的一项研究发现，我们的心情真的可以改变视觉皮层加工信息的方式。在这一研究中，被试被诱发出积极情绪或消极情绪，然后观看一组图片。那些被诱发出消极情绪的人没有看到图片上的所有内容，还漏掉了一些背景中的关键部分；而那些拥有积极情绪的被试看到了所有图画。通过眼动跟踪实验，我们同样发现：积极情绪确实扩展了我们的视野。

想一想所有这些积极特质给我们的工作带来的好处吧。谁不想看到独特的解决方案，发现新的机会，并在他人的建议之上提出更高的见解呢？在如今的创新型知识经济下，不论哪一行业的哪家企业，获得成功都要依靠创意和新颖的问题解决方案。比如，默克集团的科研人员在研究非那司提（Finasteride）的药物效果时，本来是想寻找治疗良性前列腺增生的办法。但在试验过程中，他们却发现了一个奇怪的副作用：被试的头发重新长了出来。默克公司的研究人员看到了隐藏在这个出乎预料的副作用背后、可带来上亿美元利润的产品，于是保法止（Propecia）① 诞生了。

以下实践说明，乐趣不仅能带来积极情绪，还能带来现实的好处。

积极优势挖掘

案例

"积极优势"是雅虎公司设置内部按摩室的原因，也是谷歌公司鼓励工程师带宠物来办公的原因。这些不仅仅是人力资源管理上的小伎俩。聪明的公司营造出这种工作氛围，员工每体验到一次小小的快乐，就会迸发出更多的创造和创新，并发现有可能错过的解决方案。维珍（Virgin）公司的创始人理查德·布兰森（Richard Branson）说过："相比于其他因素，乐趣是我们成功的秘诀。"

---

① 用于治疗男性秃发，能促进头发生长并防止继续脱发的处方药。——编者注

　　积极情绪在我们年幼时就能开拓我们的眼界和思维，使我们产生更多的办法和想法。在一个有趣的研究中，研究者要求一些 4 岁的孩子完成一组学习任务，比如拼积木。第一组的指导语是中性的："请尽可能快地把这些积木拼在一起。"在给第二组同样的指导语前，研究者先让他们回想一些快乐的事情。4 岁的孩子很显然没有大量的快乐体验可供选择：他们不可能想到事业的成就、结婚庆典或者初吻。也许他们想到的只是午饭时吃的果冻。不过，这已经足够了。这些被诱发出快乐情绪的孩子的成绩明显好于其他孩子，他们更快地完成了任务，错误也更少。

　　让大脑产生积极思考的好处不会随着童年的结束就不见了。相反，研究发现，不管在学术界还是在企业界，同样的好处会伴随人们一生。比如，在考试前回忆快乐时光的学生，他们的成绩明显超过其他人。在进行商务谈判时，那些表达了更多积极情绪的人也更有效率，更成功。这些研究太有价值了！

　　在医学院，训练医生做出诊断的一种方法是通过角色扮演。他们被要求为假想的病人进行诊断，通常是通过阅读病人的临床症状和病史来做出诊断。这是一个要求创造力的技术活儿，因为误诊常来自思维的僵化，这种现象被称为"锚定"（anchoring）。当新信息与原有理论相矛盾时，医生也不能抛开原先的诊断（锚点），锚定就发生了。如果你看过热门美剧《豪斯医生》（House M. D.），就会意识到创造力在医学领域有多重要。曲折的剧情表现出豪斯医生要迅速从一种诊断转变为另一种诊断。那么，积极情绪是否会帮助医生做出更准确的诊断呢？三名研究人员决定把一群有经验的医生送回学校，给他们一系列症状进行分析。医生们被分成了三组：一组被诱发了积极情绪；一组是中性情绪，但是在实验前给他们阅读与医学相关的说明；一组是控制组，什么也没给。

> "那些埋头苦干、等着以工作换快乐的人正将自己置于不利当中，而那些利用积极情绪的人早已遥遥领先了。"

该研究的目的不仅是想了解他们做出正确诊断的速度，还想看看他们如何避免锚定。

结果表明，积极情绪组的医生做出正确诊断的速度更快，表现出更多的创造力。平均来讲，他们做出的正确诊断中只有20%用到了之前的病历，速度几乎是控制组的3倍，锚定的情况却不到控制组的3成。

不过，我最喜欢该实验的部分是医生的积极情绪是如何被诱发的——用糖果！使效率提高2倍，创意多出2倍的东西，既不是现金奖励或者升迁的承诺，也不是一个星期的休假，而只是开始任务前分到的一个糖果小礼物（为了确保升高的血糖不影响结果，他们甚至还没有吃）。这揭示了积极优势对行为的重要作用。

"再小的积极情绪也能带来重要的竞争优势。" 也许病人应该给医生提供棒棒糖，而不是倒过来。此外，如果一块糖果就能使医生更有效率，想象一下，如果医院管理层更多地关注员工满意度的话，那我们的医疗体系将变得多么富有朝气，多么高效，多么富有创造力啊。不难看出，此类关于积极情绪的研究对于我们如何管理医院，如何管理企业和学校都有不可估量的意义。

积极情绪可以对抗压力和焦虑

布莱恩是美国一家公司的销售员，对于马上要做的报告，他感到非常紧张，这时他听到有人敲响了他办公室的门。"4点钟的会议很重要，"他的老板提醒他，"你准备好了吗？这是大事。我们需要这个客户，可不要把它搞砸了，伙计。"当他的老板离去时，布莱恩顿时感到一股压力正穿透他的身体。尽管他已经准备得相当好了，可仍然感到非常紧张，在接下来的几个小时里，他一遍又一遍地复述报告，卖力想象可能出错的地方，不断提醒自己如果公司失去这个客户该有多糟糕。

布莱恩不知道，他越是把自己的思想集中在糟糕结果上，他最终失败的可能性就越大。虽然对许多顽固的商务人士来说，这似乎跟直觉不符，但我们现在知道的是，在这种情况下布莱恩能做的最佳选择就是赶紧找到积极情绪。

这样做有什么用呢？要知道，积极情绪除了能拓展我们的智力和创造力，还是应对紧张和焦虑的一剂速效药，心理学家称之为"抵消效应"（the undoing effect）。在一个实验中，研究者要求被试临时准备一个难度很大的演讲，并且告诉他们，演讲会被录下来并让他人评价。这引起了实验对象极大的焦虑，他们的心跳开始加速，血压开始升高，就和布莱恩报告前的感受一样。然后研究人员随机地分配他们观看四段不同的视频：两段可以诱发快乐和满足的感觉，一段是中性的，第四段是悲伤的。结果表明，被诱发出积极情绪的被试很快从紧张的身体反应中恢复了过来，快乐的影片不仅使他们感觉良好，而且抵消了紧张引起的身心反应。换言之，积极情绪不仅能拓展我们的认知能力，而且能对抗压力和焦虑，并相应提高我们的专注力和发挥最好水平的能力。

积极优势挖掘指南　积极情绪除了能拓展我们的智力和创造力，还是应对紧张和焦虑的一剂速效药，心理学家称之为"抵消效应"。

因此，布莱恩的老板如果不提醒他报告失败的高风险，而是强调一下积极的方面，说些鼓励的话，或者提醒他在谈判上的巨大优势，那样效果会更好。布莱恩自己也可以采取一些技巧来提升积极情绪并树立信心：想象自己的报告清晰而切题，回忆一次成功的业务经历，或者花一点时间做一些完全不相关却能让自己感到快乐的事情，比如给朋友打个简短的电话，在线读一篇有趣的文章，看一个时长两分钟的脱口秀片段，再或者出去散会儿步。有些建议似乎过于简单，在严肃的工作环境中甚至显得很可笑，但是科学证明它们的价值是不可否认的，我们不用才可笑。

积极是一种工作理念

> **"每个人都有可以让自己微笑的一两种活动，不管这些活动多么简单与可笑，为了它们带来的好处，我们值得一试。"**

很明显，对有些人来说，积极情绪说来就来。当我在一次培训中充分阐述了积极特质的巨大竞争力后，一位怒气冲冲的高管站起来说："嗯，对拥有积极特质的人来说这太好了，肖恩，但我们剩下的人该怎么办呢？我们也想要那种竞争力。"他说得对。如果我们的幸福基准线是固定的，那么对那些积极倾向不太明显的人来说，目前的所有好消息都变成了坏消息。还好，事情不是这样的。记住，积极情绪不仅是一种心态，它更是一种工作理念。所有人都能获得积极心态带来的全部好处。

本书中的每一个法则都阐明了对人类积极情绪最关键的东西，比如追求有意义的生活目标，以寻找机会的目光审视这个世界，培养乐观和感恩的心态，保持丰富的社会关系。

然而，同样重要的是，积极特质也蕴涵在那些微小的、随时随地的积极情绪中，它们可以使我们每天的生活充满活力。正如我们已看到的，一小段幽默短片，与朋友的一次简短通话，甚至一个小小的糖果礼物就能在提高认知能力和绩效方面产生立竿见影的效果。正如芭芭拉指出的那样，尽管做出重大改变并追求持久的积极情绪是人生的必需，但当我们深入观察这一过程时会发现，我们应该关注每一天的感受。

　　形成这种观念之后，接下来我会列出一些经证实确实有效的方法，它们不仅能快速提升积极情绪，改善我们的表现并专注于当下，而且一旦形成习惯，每种活动都可以帮助我们持久地提高幸福基准线。当然，每个人都有自己喜欢的积极情绪水平提升法。或许是听一首特别的曲子，与一个朋友聊天，打篮球，养只宠物狗，甚至是收拾厨房也可以。我的朋友艾比就从拖地的活动中获得了极大的满足感。研究者发现"个人与活动的匹配度"和活动本身一样重要，因此如果下面这些技巧没有引起你的共鸣，就不要强迫自己使用它，而应找出更适合自己的活动。这些活动的目的只是提升你的精神状态，使你拥有更积极的心态，这样你就能获得"积极优势"的所有好处。

　　冥想。神经学家发现，那些常年打坐冥想的僧人的左侧前额叶皮层（即大脑中负责感受快乐的部分）增大了。但是不要担心，你不必为了提升积极情绪水平而隐居、禁欲。每天只要花 5 分钟时间，留心你的一呼一吸就行了。冥想时，保持耐心最重要。一旦分神了，慢慢地把注意力带回来即可。冥想需要练习，但它是最有用的积极情绪水平提升法之一。研究表明，冥想后的几分钟内，我们会体验到宁静和满足感，专念（Mindfulness）和共情能力也会提高。研究甚至表明，有规律的冥想能永久改变大脑结构，从而提升积极情绪水平，降低压力，改善免疫功能。

　　期待。一项研究发现，人们只要想象一下看电影的情景就能提高 27% 的内啡肽水平。通常，一项活动最令人快乐的部分就是期待。如果你现在没有时间去旅行，甚至没时间和朋友们出去玩，那么把这些事情安排进日程表里，即使是一个月或一年后也可以。这样，当你需要提升积极情绪水平时，就用这件事来提醒自己。期待未来的奖赏能像实际获得的奖励一样激活大脑的快乐中枢。

　　有意行善。一系列的实证研究表明，不管是给予朋友还是陌生人的利他行为，都能降低压力，极大改善心理健康状况。索尼娅·柳博米尔斯基（Sonja

Lyubomirsky)[①]是积极心理学的领先研究者，她在研究中发现，那些一天内做5件好事的人会感到更快乐，而且这种感觉在实验结束后的许多天里仍然持续。你自己可以实验一下，一周选择一天做5件善事，并要保证自己是有意去做的，事后还要说出来。（"噢，是的，我为那个走出银行的家伙开了门。这很不错。"）这些行为也不必有多伟大。我最喜欢做的好事之一是在公路收费站为我身后的人付费，只花2美元，就能对抗堵车引起的紧张情绪。

向你周围的环境注入积极情绪。我们在"法则2"中将会看到，客观环境能对我们的心态和幸福感产生巨大影响。虽然不可能完全控制环境，但我们可以做出具体努力，为环境注入积极情绪。将心爱之人的照片放在办公桌上的人不仅仅是为了装饰，每次望向那个方向时，一定会产生一种积极情绪。挑一个好天气，抽时间到外面走走也会带来巨大的好处。一项研究发现，在好天气里花20分钟出去走走不仅提升了积极情绪，而且拓展了思维，改善了工作记忆。聪明的老板会鼓励员工每天至少呼吸一次新鲜空气，这样团队绩效提高了，老板也可从中获益。

我们也可以改变周围的环境，让消极情绪无处藏身。如果你看到股票行情就心烦意乱，那么就关掉电视。研究表明，我们看到的负面节目（尤其是暴力节目）越少，就越快乐。这并不意味着要与真实世界隔离，或者忽视问题的存在。心理学家发现，与每晚10点收看谋杀、事故、死亡等新闻的人相比，那些更少看电视的人对生活的风险和回报有更准确的判断。这是因为这些人较少接触被大肆渲染的信息，因而能更清楚地看清现实。

锻炼。也许你听说过，锻炼能使大脑释放出一种可引起愉悦感的化学物质——内啡肽，但这并不是锻炼唯一的好处。体育活动能通过多种方式来帮助提升情绪、提高绩效。比如可以提高动机和控制感，从而减轻压力和焦虑感，

[①] 柳博米尔斯基关于幸福与积极水平的研究成果颠覆了很多旧有的观点，并提出了诸多简单可行的策略，具体可参见由湛庐策划、浙江人民出版社出版的其著作《幸福的神话》。——编者注

并帮我们产生"心流"（flow）体验，即那种我们在效率最高时体会到的、完全投入的感觉。一项研究证实了锻炼的力量究竟有多强大。

　　三组抑郁症患者采用三种不同的治疗手段：一组服用抗抑郁药物；一组每周锻炼三次，每次 45 分钟；一组既吃药又锻炼。4 个月后，这三组患者均体验到相似的情绪改善。实验证明，锻炼与抗抑郁药同样有效。这很神奇，但故事还没有就此结束。

　　6 个月后对这三组患者复发率的测试显示，在只服药的患者中，38% 的人又回到抑郁状态；既吃药又锻炼的人稍微好一点，复发率是 31%；而最令人震惊的是锻炼组：他们的复发率只有 9%！

　　简而言之，身体活动不仅是一种强有力的情绪提升器，而且效果是长期的。散步、骑自行车、跑步、玩耍、伸个懒腰、跳绳、弹簧单高跷……只要是运动，什么形式都无所谓。

　　消费（但不是在物质上）。与"金钱能买到快乐"相反，只有用钱做些事情而不是简单地拥有时，金钱才能带来快乐。著名经济学教授罗伯特·弗兰克（Robert Frank）[①] 解释说，我们从物质中得到的积极感受总是令人沮丧地稍纵即逝，然而把金钱花在体验上，尤其是与他人一起体验时，却能产生更有意义且更持久的积极情绪。有研究者采访了 150 多个人，以了解他们最近的消费状况，他们发现花在活动上的金钱，比如听音乐会、与朋友共进晚餐，要比买鞋子、电视或者名贵的手表带来的快乐更多。把金钱花在他人身上的行为，被称为"亲社会支出"，它会提升积极情绪水平。在一个实验中，研究者分给 46 名学生每人 20 美元去消费，应实验要求把钱花在他人身上（比如请朋友吃饭，为妹妹买玩具，或者捐给慈善组织）的人，在一天结束时感受到了更多的快乐。

---

① 弗兰克教授是通俗经济学鼻祖，想了解其更多观点，欢迎阅读由湛庐策划、北京联合出版公司出版的其著作"牛奶可乐经济学"系列图书。——编者注

你的消费习惯是什么？在一张纸上画出两栏（或者花 10 分钟做一个漂亮的空白表格），然后记录接下来一个月的消费情况。月末回顾一下，看一看你的钱都花在哪儿了？想一想每次消费带给你的快乐以及快乐持续的时间。也许你很快就会发现，应该把金钱从"拥有的东西"一栏分配到"做的事情"一栏。

本月消费记录

拥有的东西	做的事情
总计：	总计：

练习一项优势。每个人都有擅长的事情，也许你擅长提出好建议，也许你与小孩子相处非常融洽，也许你会做好吃的蓝莓煎饼。不管什么技能，每当我们使用这种技能时，都会体验到积极情绪。如果你发现自己需要一个积极情绪水平提升器，那么请重新利用一下你好久没使用的一项才能吧。

不过，比使用一种技能更令人满足的是锻炼一种性格优势，即一种深深植根于真我内部的品质。最近，一个心理学团队对最有益于人类繁荣的 24 种跨文化性格优势进行了分类，并制订出一份调查问卷，可以鉴别出一个人拥有的前五项优势，即"突出"优势。[①] 577 名志愿者各自挑出一项"突出的"优势，并一周 7 天变着花样地尽情发挥此项优势，结果表明，相比控制组而言，他们明显变得更快乐、更少沮丧。并且这些好处是持久的，即使实验结束整整 6 个月后，他们的积极情绪水平仍然很高。

---

① 由湛庐策划、浙江教育出版社出版的塞利格曼的著作《真实的幸福》一书中，有测试个人突出优势的问卷。——编者注

　　我的一项突出的优势是"热爱学习"，因此我找到了一些方式把学习融进枯燥的日常工作中。例如，由于工作原因，我一年有将近 300 天都在出差，长期的旅行生活对我的心理健康是一种重压。每到一个新城市我都很喜欢参观

> **"研究表明，你在日常生活中越多使用突出的优势，就会变得越快乐。"**

博物馆，但是，我常常抽不出时间。于是我决定，我每拜访一个新地方，都要了解当地一个历史事件。当我在几大洲间飞来飞去时，即使这样一个小小的认知练习，也对我的思维产生了巨大的影响。因此，做一下调查问卷找出你的突出优势吧，然后至少努力把其中一项优势融进每天的生活中。

　　当你把这些积极练习融入日常生活中，你不仅会感觉良好，而且提升后的积极情绪还能使你更高效、更有动力、更有创造力，为更大的成就发现更多机会。但是积极优势并没有就此结束，通过改变工作方式、领导方式，你能够带领整个团队与组织走向成功。

用积极优势领导团队

　　每个人都可以在他们的工作环境中传递积极情绪的涟漪，但是我发现这对领导者来说尤其重要，主要原因有三点：

　　　1. 他们决定公司政策并塑造工作文化；

　　　2. 他们常常是员工们的榜样；

　　　3. 他们在组织中接触的人最多。

　　可悲的是，在现代职场中，领导者常常对"关注积极情绪能带来现实好处"的观点不屑一顾。老板和经理们更愿意褒奖那些工作时间最长、不请假不休假、也不"浪费"时间去社交的员工。很少有高管鼓励员工在工作时间外出锻炼或者抽空打个坐，也很少有领导允许员工一周内早退一天，去参与一些志

愿者活动，即使研究已经证明，这些活动的投资回报率十分可观。

> **"简而言之，以时间管理和效率的名义牺牲快乐会让我们前进的速度变得缓慢。"**

更错误的做法是，有些管理者甚至会阻止一些有益的活动，即使它们花不了多少时间。我遇到的大部分人承认，如果他们被一个网络视频逗得哈哈大笑，或者给 5 岁的儿子打个电话，或者在过道里给同事讲一个笑话时，老板恰好经过，他们会感到尴尬或者不好意思。然而正如我们看到的，这些活动恰恰可以快速诱发积极情绪，提高工作绩效。那些阻止员工产生积极情绪的老板正处于双重不利之中，因为他们自己就是非常消极的人。

好的领导者会利用积极优势激励团队，并最大化员工的潜能。让我们看看那些优秀的公司是如何实施的。

积极优势挖掘
案例

谷歌公司在走廊里放了几辆滑板车，在休息室里准备了一些视频游戏，在自助餐厅里还有美味大餐。美国著名户外用品公司巴塔哥尼亚的创始人制定了一项规定："让我的人去冲浪。"他告诉员工，如果你的心情不好，那么从办公室的储藏室里拿出冲浪板去冲浪吧。[①]这些规定可以持续地产生巨大的红利。比如，美国康胜啤酒集团（Coors Brewing Company）报告说，公司在员工健身计划上每投资 1 美元，利润回报是 6.15 美元。当丰田公司北美零部件中心开展了一项根据员工特长定制的培训时，生产效率立即有了质的飞跃。而你不必像这些公司一样非得通过大手笔的改革才能利用积极优势。

① 想了解更多关于巴塔哥尼亚公司的快乐经营理念，欢迎阅读由湛庐策划、浙江人民出版社出版的《冲浪板上的公司》。——编者注

你可以经常给予员工一点儿赏识和鼓励。研究表明，这样做的经理们发现其员工的生产率有了根本性的提高，而且不是小幅度的提高。一项研究发现，如果团队经理善于鼓舞人心，那么其团队的绩效要比由一个较消极、较少鼓励成员的领导带领的团队高出 31%。实际上，当赏识是具体且因人而异时，它比金钱更能激励人。

> **"即使最微小的积极情绪，都能在工作环境中提高效率，提升动机、创造力和生产率。"**

赏识的方式有很多，比如发一封表扬信，对出色完成任务表示感谢等。你也可以在这方面充分表现创意。我最喜欢的是一家丹麦公司实行的"流动大象"的例子。大象是个超过半米高的毛绒玩具，每个员工都可以将它传递给另一个人，作为模范行为的奖励。这种做法的好处不仅仅表现在传递和赞扬上，因为每个员工路过时都会注意到大象，然后会问："嘿，你得到了大象，你做了什么事情？"这就意味着，好的事迹和最佳做法会被反复讲述好多遍。

奇普·康利（Chip Conley）是一家极其成功的精品连锁酒店的 CEO，在每次高管会议结束时，他总会花点时间让一个人用一分钟谈谈公司里值得赏识的一个人。这个人可能是高管，也可能是级别低很多的人，如业务员或者服务员。在这位高管谈完这个员工值得赏识的理由后，会议上的另一位高管将志愿去给这个员工打个电话、发封邮件或者亲自拜访他，告诉他，他的工作做得有多棒。这可不仅仅是一件好事，它带来的好处不可估量。被赏识的员工会感到非常高兴，推荐他的高管和表扬他的高管也是如此。其他人的情绪也会随之高涨，接下来他们也会留意其他员工的出色工作，这样他们就可以在下次会议中推荐。

与对员工"说什么"同样重要的是"如何说"。最好的领导者知道，用愤怒、消极的语气传达指令，会在任务开始前就妨碍员工的效率。耶鲁管理学院的一项研究证实了这一说法。学生志愿者们被分组来完成商业任务，目标是为一个假想的公司赚钱。"经理"进来了，他其实是一名演员，他会用以下 4 种方式中的一种来布置任务，分别是"快乐而热情的""平静而温暖的""沮丧而呆滞的""敌意而急躁的"。在这 4 组人中，你认为哪两组人不仅能够自身变得更积极，而且能比其他组更有效率，最终为公司赢得更多利润呢？

> **"当你真正能以积极的语气去讲话时，你的团队的绩效将因此而受益。"**

想想你经常使用这 4 种语气中的哪一种。也许你会感到惊讶，我们常常意识不到自己传达的信息。记得我在一次演讲中，一位女士一直坐在听众席对我怒目而视。但演讲结束后，她亲自过来告诉我，她有多么喜欢这场报告。我感到很吃惊。我想平时她会向员工传递多少负面信息，而她甚至不知道这一点。因此下次当你与一位同事沟通或者当面听取汇报时，请努力用一种积极的语气和面部表情。这并不意味着你要掩饰真实感受，或者挂上尴尬的笑容。

法则 2：

充分利用激发潜能的 "阿基米德定律"

最大化潜能的力量基于两样东西：

1. 杠杆长度：相信自己拥有的潜能和可能性；

2. 支点的位置：改变心态，获得力量。

通过向积极心态移动支点，潜能杠杆的力量就会放大，我们就拥有了改变未来的可能。

就在我妹妹从床上摔下来的那天，我迷上了心理学。

当时我 7 岁，妹妹艾米比我小两岁，这意味着我想做什么她就必须做什么。那天，我想玩战争游戏，由我的特种部队对战妹妹的独角兽。

就在激战正酣之时，发生了意想不到的情况。"嘭"一声，妹妹不见了。我急忙下床看看她怎么样了。

艾米跌在地板上，四肢着地。我看着她的脸，意识到一场号啕大哭即将来临，于是我做了当时那颗狂乱的小脑瓜所能想到的唯一一件事。"艾米，等等！等等！你看见你是怎么落地的吗？没有人会四肢着地。你……你是一只独角兽。"

号啕大哭凝固在她嗓子眼儿里，她脸上露出迷惑的神情。到底是关注疼痛呢，还是为她独角兽的身份而兴奋呢，在她的眼睛里能看到这种冲突。而后者胜出了。一个微笑浮现在她脸上，她带着一只独角兽宝宝的所有优雅与自豪重新回到"战场"。

我和妹妹都不知道，在我们幼年时偶然发生的这件事，将成为 20 年后科学革命的先锋。

潜能的"阿基米德定律"

"给我一根足够长的杠杆和一个支点，我就能撬动地球。"

在阿基米德说完这句话的 2000 多年后，当我坐在新生宿舍里观察学生们准备考试时，突然出现了"我发现了"的时刻：我们的大脑也能按照阿基米德定律来运作。

我们的大脑就像单一的处理器，只能利用有限的资源来体验世界。于是我们就面临着一个选择：要么运用这些有限的资源看到疼痛、消极、压力和不确定，要么运用这些资源透过感激、希望、活力、乐观和富有意义的镜头来看待事物。换句话说，我们当然不可能仅仅通过意志力改变现实，但我们能够利用大脑改变理解世界的方式，进而改变应对世界的方式。快乐不是对自己撒谎，或者对消极的一面视而不见，而是调整我们的大脑，以使我们看到超越的方法。

和阿基米德的杠杆与支点一样，最大化我们潜能的力量基于两样东西：1. 杠杆长度：我们相信自己拥有的潜能和可能性；2. 支点位置：改变心态，获得力量。

这就意味着，不管你是一个想取得好成绩的学生，还是一位想获得更多薪酬的基层管理者，又或者是一位希望更好地激励学生的老师，你都不必为获得力量和达成结果而费那么大的劲儿。我们的潜能不是固定的，越移动支点（即心态），我们的杠杆就会变得越长，于是力量就越大。向积极心态移动支点，杠杆的力量就会放大——你可以撬动一切。

简而言之，通过改变心态这一支点，增加潜能这一杠杆的长度，我们可以改变未来的一切可能。

"决定我们取得成就大小的并不是地球的重量，而是我们的支点和杠杆。"

如果世界上有一件事是我们确信无疑的，那就是时间只能朝着一个方向流动。然而兰格用"专念"研究证明，连这也是错的。

1979 年，兰格为一群 75 岁的老人设计了一个为期一周的实验。这些人不知道实验的真正目的，只是被告知要去一个疗养中心住上一周，且不能带 1959 年之后的任何照片、报纸、杂志和书籍。

到达实验地点后，所有人被告知：在接下来的一周内，时间回到 1959 年，那时这些 75 岁的老人只有 55 岁。为了强化这一情节，他们的装扮和行为举止都要和 55 岁时一样。在这一周里，他们谈论的是艾森豪威尔总统，聊的都是那个年代的事儿。有些人以现在进行时的时态谈论他们原来的工作，好像从未退休一样。1959 年的《生活》和《星期六晚邮报》摆放在咖啡桌上。一切都是他们 55 岁时看到的世界。

兰格是位另类的科学家。近 40 年来，她一直在以前无古人的方式挑战科学团体的预期。在这次实验中，她有一个相当激进的假设——她想证明"专念"对衰老的直接影响。兰格还认为，通过移动这些 75 岁老人的心态支点，从而影响他们的潜能杠杆，她能改变年龄的"客观"现实。

结果确实如此。在住进疗养中心之前，每位老人都进行了体检，特别是那些随年龄会逐渐衰退的指标：体力、仪态、知觉、认知能力和短时记忆力。疗养结束后，大部分人的所有方面都有所改善。他们明显变得更灵活，仪态更优雅，甚至连手的力量也有了很大提高。他们的平均视力甚至提高了将近 10%，记忆测试上的表现也是如此。一般认为人们的智力自青年期后就不再变化了，而他们中超过半数的人智力也有所提高。甚至外表也改变了，研究者随机找到了几位局外人，向他们展示了这些老人实验前后的照片，并猜测年龄，结果这些老人看上去比实际年龄平均年轻了三岁。

随着年纪的增长，我们都会变老，每一个懂点生理学的人都知道这一点，然而，这一切都在改变，"专念"的力量可以塑造现实。

正如我们看到的，我们的外部"现实"远比我们认为的具有可塑性，它更多地依赖于我们看待它的双眼。

在位于康涅狄格州斯坦福德的瑞银集团的会议室里，70 名经理和 CEO 齐聚一堂等着听我的报告，我看着他们，而他们中的许多人都满腹狐疑地回看着我。当时集团正在经历大规模重组、裁员和法律纠纷，股票价格暴跌 80%。

"有了专念，我们控制现实的力量以及得到的结果就会呈指数倍增长。"

我站在那里，要求房间里这些疲于作战的银行家们一遍又一遍地唱"划呀，划呀，划小船"（我记得向他们说明过，在自己的脑海中唱就可以了，而不用大声唱出来。有一次我在华尔街做报告时忘了这个细节，结果我很快就认识到了"五音不全"的真正定义）。

我的指导语很简单："闭上眼睛，开始在脑海中哼唱这首歌。当你唱完一遍时，重新再来一遍。就这样继续，直到我喊'停'。"他们按照指导去做了，虽然偶尔有疑心较重的高管偷看我一眼，以确定我不是在捉弄他们或者暗中预谋电击。实际上，我正在紧盯着闹钟。最后，我告诉大家停下来，睁开眼睛，写下他们认为实验持续的时间。有人猜是 2 分钟，有人确定是 4 分钟，而一位女士猜的是 45 秒。房间里有 70 个人，我听到了 70 种不同的答案，从 30 秒到 5 分钟不等。所有的高管都确定自己的估算是正确的，然而，只能有一个正确答案，这一次正好是 70 秒。

积极优势挖掘

指南

专念是积极心理学中最重要的概念之一。哈佛大学著名心理学家兰格经过大量研究证明，专念能够提高人们的健康水平，能让我们更好地驾驭生活，能为我们提供更多的选择，并让我们超越种种极限。兰格教授在她的成名作《专念》[①]一书中，详细解释了专念如何让一群老人年轻了 20 岁，让筋疲力尽的员工重振士气，以及我们如何才能变得富有专念。

我在近 40 个国家做过这个实验，每次我都会听到数值变化范围很大的答案（上海的分歧最大：从 20 秒到 7 分钟）。对有些人来说，那好像是一眨眼的时间，对另一些人感觉却像是永远。由于心态不同，每个人对时间这一客观现实的体验也不同。那些觉得这首歌很愚蠢而无聊，极不耐烦地想重新回去工作的人，倾向于猜测更长的时间。而那些对报告倍感兴趣，很享受这一放松时刻的人倾向于猜测更短的时间。正如你玩得开心时，时光就在飞逝。

我喜欢这个实验。因为心理学研究表明，心态不仅能改变我们对经验的感受，而且它实际上也改变了经验的客观结果。任何听过安慰剂效应的人都知道这种作用有多么强大。无数研究表明，给病人一颗糖丸并告诉他这有助于缓解某些症状时，通常都会起作用，有时和真的药物效果一样。《纽约时报》一篇题为《安慰剂力量强大，甚至专家都感惊讶》的文章中，虚假的生发产品能让秃头长出头发，"假装手术"能使受伤膝盖的肿块消失。确实，关于安慰剂的实证研究发现，"在控制疼痛方面，安慰剂与活性药物如阿司匹林和可待因相比，有效性可达活性药物的 55% ～ 66%。"这仅是心态的改变，例如相信他们真的吃了药，就足以强大到使客观症状消失。

还有一种反安慰剂效应，在许多方面甚至更令人感到不可思议。一位日本

[①] 这本书改变了无数人思考与感觉的模式，已于 2012 年 4 月由湛庐策划、浙江人民出版社出版。——编者注

研究者蒙上一群学生的眼睛，并告诉他们正在给他们的右胳膊擦一种有毒的常春藤汁。后来，参加实验的 13 个学生的右胳膊全都出现了常春藤常会引发的症状：发痒、发烫和红肿。而事实上，实验中使用的植物根本不是有毒的常春藤，只是一株无害的灌木。学生们的信念是如此强大，以至于无毒的植物也带来了中毒的结果。

然后，研究者在学生的另一只胳膊上擦了真正有毒的常春藤汁，却告诉他们这是一种无害的植物。虽然这 13 名学生都是敏感体质，但只有两个人出现了中毒引起的疹子！

因此，我们对正在发生之事的相对知觉，或者说我们认为将会发生某事，真的能够影响即将发生的事情，这是为什么呢？一个答案是大脑会按照我们对将要发生之事的预期来运转，心理学家称之为"期望理论"。神经科学家马塞尔·金斯波兰尼（Marcel Kinsbourne）博士解释说，我们的期望能创造出一种大脑模式，就如同真实世界创造的大脑模式一样真实。换句话说，对一件事情的期望激发了同一复杂的神经元，就好像这件事真实发生了一样，并在神经机制中引发了一系列事件，产生了许多躯体的后果。

在工作中，这意味着信念能切实改变我们努力和工作的具体结果。这不仅仅是一个理论，而是已经被许多严肃的科学研究所证实。

几年前，阿里·克拉姆（Ali Crum）与兰格共同做了一项实验，这次的研究对象是酒店的清洁工。他们告诉其中一半的清洁工，通过工作，这些清洁工每天得到了很多锻炼，日常活动帮这些清洁工燃烧了很多卡路里，清洁工作就像心脏锻炼，等等。而另一半清洁工作为控制组，没有得到这样的好消息。

积极优势挖掘指南

大脑会按照我们对将要发生之事的预期来运转，心理学家称之为"期望理论"。神经科学家金斯波兰尼博士解释说，我们的期望能创造出一种大脑模式，就如同真实世界创造的大脑模式一样真实。换句话说，对一件事情的期望激发了同一复杂的神经元，就好像这件事真实发生了一样，并在神经机制中引发了一系列事件，产生了许多躯体的后果。在工作中，这意味着信念能切实改变我们努力和工作的具体结果。

几个星期后，克拉姆和兰格发现，那些被引导认为他们的工作是种锻炼的清洁工，实际体重下降了，不仅如此，他们的胆固醇含量也降低了。与控制组相比，这些人并没有做更多的工作，也没有做更多的锻炼。唯一不同的是他们的大脑对待工作的看法。这一观点非常重要，值得再重复一次：与行为本身相比，我们对日常行为的心理定式更能决定我们的现实。

既然我们现在知道了时间的相对性，那么请问自己一个问题：如果改变了看待工作时间的方式，你能够变得更有效率和创造力（更不要说快乐了）吗？以何种方式体验现实，取决于你把支点放在哪里，因此，这里的问题便不再是："为什么一天只有 24 小时？"而是："我如何最大限度地利用对工作日的相对体验？"

成功者的心态不仅使他们更能忍耐工作日，而且使他们比拥有消极心态的同事工作时间更长、更努力和更快乐。从根本上讲，这些人利用他们的积极心态获得了对时间本身的控制（相对而言）。对他们来说，一周 7 天，一天 24 小时，只是一种客观的测量。他们利用与所有人同样的时间，利用他们的心态，变得更有效率和创造力。

心理学家米哈里·希斯赞特米哈伊（Mihaly Csikszentmihalyi）①将"心流"定义为一种将精力完全投注在某种活动上的感觉，心流产生时会有高度的兴奋及充实感。

希斯赞特米哈伊认为，能包含心流的活动包含以下特征中的一种或多种。

1. 是我们想从事的活动。2. 我们能专注于这个活动。3. 有明确的目标。4. 有实时的反馈。5. 对这项活动有掌控感。6. 在从事活动时，我们的忧虑感消失。7. 主观时间感改变，例如可以从事很长时间而感觉不到时间的消逝。

回想上次你被迫参加的冗长的会议（也许你不必向前追溯很远）。也许在会议前三分钟你就觉得，会上陈述的目标不可能达成，或者你压根不关心这些。接下来的那两个小时忽然变成巨大的时间浪费，对你的精力、创造力，或许还有动力都是一种损耗。但是如果你将会议看作一次机会并创建自己的目标，又会如何呢？如果你强迫自己在会议结束前学习三种新知识又会如何呢？如果你不能从会议的实际内容中学到东西（老实说，多数会议都不能为与会者提供有用的内容），那么可以再加些创意：你能从发言者那里学到如何做好（或搞砸）一场报告吗？你会以怎样不同的方式来陈述这一观点？从同事那里学到的处理困难问题的最佳方式是什么？幻灯片最佳的背景颜色是什么？

再想想其他与会议一样乏味的日常任务，你肯定会发现，越认为它们单调乏味，它们就越发乏味透顶。在撰写"法则 2"时，我发现自己的大脑差点陷入这个陷阱。我很喜欢在咖啡馆里阅读心理学书籍，然后与同事和学生一起讨论书中的观点。我的大脑认为这"很有意思"，这是"游戏时间"。但如果完

① 希斯赞特米哈伊是享有盛誉的积极心理学大师，想了解其更多研究成果，欢迎阅读由湛庐策划、浙江人民出版社出版的其著作《创造力》。——编者注

成本书有一个最后期限，我需要为此而阅读，我的心态就忽然改变了。读书现在变成了"工作"，我的大脑正试图回避我平常热衷的事物。以前我完成得又快速又快乐的任务，现在却让我觉得举步维艰。

我意识到，到了移动支点的时候了。我对这份工作（乏味的劳动）的定义进行了重新的思考，并有意识地进行了改变（为了充实而阅读）。我也改变了描述这项活动使用的语句。在告诉一些朋友我是为了快乐而阅读后，我开始意识到我正是如此。

我对时间观念的改变，也被证明是有效的。沙哈尔指出，"最后期限"一词是你能想到的最消极的词。对我而言，当我不去注意时间限制，不只是想着什么时候"到期"，而去思考我从活动中获得的真正价值时，我对工作的热情就又重新焕发了。这也帮助我跳出了要好好"利用"我正在读的材料的顽固想法。当我们重新关注"手段"，而不仅仅关注"结局"时，我们的心态不仅带来了欢乐，而且带来了更好的结果（为了打消你的疑虑，我可以很高兴地告诉你，我确实按时交稿了）。

正如我们对工作的看法会影响真实的经验一样，我们对休闲的看法也是如此。如果我们认为自由时间、业余时间或者与家人相处的时间是低效的，那么我们真的会使这些时间成为一种浪费。例如，我与之共事过的许多商界领袖和哈佛学子都表现出"工作狂"的种种病征。他们认为所有没有用于实际工作的时间都是效率的障碍，因此这些时间就真的被他们浪费掉了。正如马来西亚一家通信公司的 CEO 告诉我的："我想变得更有创造力，那样我才快乐，因此我努力最大化我的工作时间。但是后来我意识到，我对'富有创造力'的定义太过狭隘了。每当做工作以外的事情时，我就会感到内疚。除了工作，似乎就没有其他活动是有创造力的，比如锻炼、与妻子共处或者放松等，因此我永远也没有时间去充电，而且具有讽刺意味的是，我工作得越多，创造力就越低下。"

正如我们从"法则 1"中了解到的，允许自己从事一些喜欢的活动实际上能大大提高我们在工作中的表现。但是，仅仅从事这些活动还不足以取得成果，就像对酒店清洁工来说，仅仅去行动而不思考从中得到的益处是不够的一样。当你的大脑认为家庭聚餐、数独游戏、踢足球或者给朋友打电话是浪费时间，你就无法获得活动带来的真正好处。但是如果你改变支点，把这样的自由时间看作学习与练习新事物、重新充电并与他人建立联结的机会时，你便能够从休息时间中获得力量，重返工作时也会比以前更强大。

积极心态是可以习得的

正如你对工作的心态能影响绩效一样，你对自己能力的心态也是如此。我的意思是，你越相信自己具有成功必备的能力，你就越能够成功。对有些人来说，这听起来像成功学的那套空话。实际上，这一观点多年来已经被一些声名狼藉的媒介给糟蹋了。但是最近几十年来，大量严谨的科学研究都支持这一观点。

研究表明，仅仅相信我们在生活中能产生积极的变化，就会增强动机，提高工作绩效。从根本上讲，成功成了一个自我实现的预言。对 112 名初级会计师的研究表明，那些相信自己能达到初始目标的人，10 个月后得到的工作绩效评价最高。

更重要的是，我们对自己能力的信念不一定是固定的，而是可改变的，因为我们的心态几乎总是在变化。哈佛大学博士玛格丽特·希赫（Margaret Shih）和同事实施了一项研究，他们将一组亚洲女性分配到两种不同的情境中参加数学考试。在第一次考试时，实验者强调了被试的女性身份，而女性一般在数学方面要比男性差；在第二次考试时，实验者强调了被试的亚洲人身份，一般认为亚洲人相比其他民族似乎更有数学天分。结果，这些女性在第二种情境下的表现要大大优于第一种情境。她们的数学能力没有改变，题目的难度也变化不大。但在第二种情境下，她们对自己的能力更加自信，这就足以使她们的表现产生巨大的不同。

积极优势挖掘 案例

"在领导力培训公司 IDology 里，培训师经常问客户一个问题："今天你的穿戴代表什么身份？"如果你的穿戴明显表现出自我怀疑，那么在一开始，你就已经削弱了自己的表现。因此当面临一个困难任务或挑战时，你应该关注即将取得成功（而不是失败）的所有理由，这样你便给了自己即时的竞争优势。

> "在困难任务中，具体而一致地专注于你的优势将产生最好的结果。"

你可以在任何情境下运用这项技巧。你会因为要准备感恩节的晚餐，而担心做出的食物不够好吗？那么请专注于这一事实：你擅长时间管理和保持方向。你会因为要做一场重要的报告，而认为自己是一个差劲的公共演讲家吗？那么请专注于你充分的准备，而且你已经对这些材料做过大量的研究。这并不意味着你应该忽视自己的弱项，或者反复对自己吟唱空洞的肯定说辞，或者承担你无法应对的任务，而是意味着你应该专注于你真正擅长的事情。还记得"法则 1"中提到的突出优势吗？挑选一项优势，将其运用于你手头的挑战。当我必须就一个新题目做报告，却不确定听众的接受度如何时，我就努力专注于这一事实：我非常擅长了解人，这有助于我与听众发生联系。当我采用这一方法，而不是为自己糟糕的记忆或者差劲的讲课习惯而遗憾时，我能感觉到我的报告质量明显提高了。

没有什么比斯坦福大学心理学家卡罗尔·德韦克（Carol Dweck）的证据更有说服力了。她的研究表明，一个人是否相信自己的能力是可变的，直接影响

到他将获得的成就。德韦克发现，可以将人们
分为两类：一类人拥有"固定型思维"，他们相
信自己的能力是固定的，而另一类人拥有"成
长型思维"，相信通过努力可以提高自己的基本
素质。成长型思维并不是完全不考虑先天能力。

> **"相信自己的能力很重要，相信自己能提高这些能力更重要。"**

德韦克解释说："虽然人们在各个方面都不尽相同，比如天赋、能力、兴趣或
者气质，但每个人都能通过勤奋和经验得以改变和成长。"她的研究表明，有
固定型思维的人会错失提高的机会，总是表现不佳，而有"成长型思维"的人
则会看到自己的能力一直在提高。

在一项研究中，德韦克和她的同事对 373 名七年级新生进行了测试，确定
了他们的思维模式。在接下来的两年里，研究者追踪记录了他们的学业表现。
他们发现，当一个学生从七年级升到八年级时，他的心态会对数学成绩产生越
来越大的影响：怀有固定型思维的学生平均成绩保持不变，而那些有成长型思
维的学生的平均成绩则呈上升趋势。简单来说，那些相信自己能提高的学生，
成绩确实提高了。研究者提出了成长型思维能促进学生不断获得成功的诸多原
因，发现最根本的一条就是动机。当我们相信努力会有积极回报时，我们就会
更加努力，而不是陷入无助的境地。

信念是如此强大，因为它主宰着我们的努力和行动。在德韦克的另一项开
展于中国香港的研究中，她试图证明成长型思维可引领人们最大化其潜能，而
固定型思维则会阻碍人们前进。在香港大学，上课、课本和考试全部都用英
语，因此要想获得成功，你必须能够很熟练地使用英语。但许多学生开始时英
语并不熟练，因此正如德韦克所说，"对他们来说，尽快做点什么才是明智的"。
她的研究团队向这些学生提出了一个问题："如果老师为需要提高英语技能的
学生开一门课，你会参加吗？"

斯坦福大学心理学家德韦克的研究表明，一个人是否相信自己的能力是可变的，直接影响到他将获得的成就。德韦克发现，可以将人们分为两类：一类人拥有"固定型思维"，他们相信自己的能力是固定的；而另一类人拥有"成长型思维"，他们相信通过努力可以提高自己的基本素质。有固定型思维的人们错失了提高的机会，总是表现不佳；而有"成长型思维"的人则会看到自己的能力一直在提高。

　　然后研究者评估了每个学生的心态：学生们认为自己的智力是固定不变的吗？或者学生们认为能提高自己的智力吗？结果表明，那些有成长型思维的学生都表示愿意利用这一机会参加英语课程，而那些有固定型思维的学生基本上忽略了这一机会。那些相信自己的能力是能改变的学生会采取行动，尽量改善他们的学业表现，而其他人虽然拥有同样的机会，却没有珍惜。

　　一旦认识到现实在多大程度上取决于我们看待它的方式，那么外部环境只能预测我们快乐总量的 10% 就不足为奇了。这就是为什么幸福科学的带头人柳博米尔斯基说，她更喜欢用"创造快乐或者建构快乐"，而不是更流行的"追求快乐"，因为"科学已经表明，是我们自己的力量塑造出了我们的快乐。"正如所有这些关于心态的研究所表明的那样，对于积极结果和成功来说，这一观点在任何领域都是正确的。

> **"我们通过改变看待自己和工作的方式，就能极大地改善结果。"**

耶鲁大学心理学家艾美·瑞斯尼斯基（Amy Wrzesniewski）一直在研究人们对待工作的观念是如何影响绩效的。多年来，她几乎遍访所有行业中的上千名员工，她发现员工有三种"工作取向"或者对待工作的心态：把工作看作工作、职业和事业。把工作看作"工作"的人认为工作是例行公事，他们工作是因为迫不得已，并且日思夜想不必工作的那天。相反，把工作看成"职业"的人，他们去工作不仅是出于必需，而且是为了进步和成功，他们很投入，并想把工作做好。最后，把工作看作"事业"的人认为工作就是目的本身，他们通过工作实现了个人抱负，这不是因为外部奖励，而是因为他们感到工作可以产生更大的幸福，更好地发挥个人优势，并给予他们意义和目的。毫不奇怪，有着事业取向的人不仅发现他们的工作回报更多，而且工作也更加努力和持久。结果，这样的人更有可能一路领先。

对那些已经将工作看成事业的人来说，这是一个好消息。不过那些没有把工作看成事业的人也不必丧气。瑞斯尼斯基最有趣的发现不只是这三种看待工作的方式，还有这与一个人从事什么类型的工作没有丝毫关系。她发现医生中有把工作只当工作的，而看门人中也有把工作视为事业的。实际上，一项对24名行政助理的研究发现，每种工作取向的人几乎都占到了1/3，即使他们的客观情况（工作职责、薪酬和教育水平）几乎完全相同。

这意味着事业取向与心态密切相关，同时也与实际工作表现密切相关。换句话说，消极悲观的员工也能够找到改善他们工作的途径，而不必辞职、换工作。组织心理学家将之称为"工作塑造"（job crafting），但实际上，它只是调整我们的心态。正如瑞斯尼斯基所说，仅仅通过个人对工作的建构，工作的意义便有了新的可能性。

积极优势挖掘指南

耶鲁大学心理学家瑞斯尼斯基经过多年研究发现，员工有三种"工作取向"或者对待工作的心态：把工作看作工作、职业和事业。把工作看作"工作"的人认为工作是例行公事，他们工作是因为迫不得已。相反，把工作看成"职业"的人，他们工作不仅是出于必需，而且是为了进步和成功，他们很投入，并想把工作做好。最后，把工作看作"事业"的人认为工作就是目的本身，他们的工作实现了个人抱负，他们感到工作可以产生更大的幸福，更好地发挥个人优势，并给予他们意义和目的。

　　这又是如何发挥作用的呢？如果你无法为日常工作带来实际的改变，就问问自己所做的工作中存在哪些潜在的意义和乐趣。想象一个小学有两个看门人。一个人只注意他每天晚上必须清理脏乱的环境，而另一个相信他正为学生提供一个更清洁、健康的环境。他们每天做着相同的工作，但不同的心态决定了他们的工作满意度、成就感，以及最终的工作表现。

　　在为公司提供咨询服务时，我鼓励员工重新写下他们的"工作描述"，即沙哈尔所谓的"事业描述"。我让他们思考一下，如何用一种能吸引他人申请这份工作的方式，重新描述同样的工作。这样做不是为了自欺欺人，而是要突出可以从工作中获得的意义。然后我要求他们思考生活中的个人目标。他们现在的工作任务如何能与这一更大的目标联系起来？研究人员发现，当我们把工作与个人目标和价值联系起来时，即使最微不足道的工作也可以具有更大的意义。我们越是把自己的日常工作与个人愿景联系起来，就越有可能把工作看成是一种事业。

　　　尝试一下这个练习：水平摊开一张纸，在左边写下你在工作中必须完成的一项你觉得毫无意义的任务。然后问自己：这一任务的目的是什么？它要达到什么结果？画一个箭头指向右边，把这个答案写下来。如果你写下来的结果看起来仍然不重要，那么问你自己：这一结果将会导致什么？再画一个箭头把这一点写下来，直到得到一个对你有意义的结果为止。通过这种方法，你就能将你所做的每一件小事与更宏大的图景联系起来，与使你充满动力和活力的目标联系起来。如果你是一个法律教授，不喜欢行政工作，那么画出你的箭头，直到将行政工作与你关心的东西联系起来，比如为新一代的年轻律师提供成功必需的资源。

　　我在法则1中提到的有创意的酒店人康利运用类似的策略来激励员工。在以下积极优势实践中，你可以看到他是如何做的。

康利喜欢告诉大家："忘掉你现在的工作头衔。如果你的客户以你为他们的生活带来的影响来描述你的工作，他们会给你安上怎样的头衔？"当你建立这些更大的联系时，你平凡的任务就不仅仅变得更合心意了，你还会以更大的投入去贯彻执行，结果你的绩效会更好。

今年夏天我在纽约的一家世界 500 强企业开始演讲前，一名高级主管向80 名销售员解释邀请我的原因。他从没有听过我的演讲，于是即兴发表了关于这次培训重要性的讲话："瞧，我理解你们在这儿工作都是为了赚钱，过去两个季度的降薪一定让你们感到很沮丧。因此不要把这次报告想成一次快乐的会议，多想想这些策略将如何帮你们赚更多钱。实话实说，这是关乎金钱的，我们不是在拯救海豚。"

一些人怪怪地笑起来，但是我没有。这位主管在无意中诱导他的员工走向失败。他实际上在说："拯救海豚是有意义的，对世界有积极的影响，而你们做的工作除了让你们赚很多钱之外没有任何意义和价值。"他在提醒大家，他们只有工作，没有事业。

可以确定的是，他关于海豚的俏皮话立即对房间里的所有人产生了影响。大家的情绪开始低落，许多员工本来在讨论工作中的快乐时似乎还很兴奋，此时却流露出失望、懊恼、沮丧和尴尬的神情并兴趣大减。打击员工的最快方式莫过于告诉他，他工作的意义只是因为有钱赚。

这并不是说所有的工作都有相同的意义，但即使是例行公事也可以是有意义的，如果你为之找到一个好理由，在一天结束时就会有成就感：你向人们展示了你的聪明和高效，你让客户或顾客的生活更轻松，你提高了技能，你从错误中学习。我曾在我家附近的一家连锁店遇到过一群给店里装袋的高中生，他们装得非常好，好像这是一项事业。当然，他们并不想终生从事那份工作，但他们工作的时候却尽心尽力。我也曾与一些资产上亿美元的企业家一起工作过，他们将自己的工作视为灵魂的消耗。

> **"你可以有世界上最好的工作，但如果你不能发现它的意义，你就不会喜欢它。"**

如我们所见，一些话语能改变人的心态，从而改变他们的成就。让酒店清洁工得以减肥，原因不过是通过简短谈话让他们重新认识了自己的工作。让亚洲女性在数学考试中表现优秀的不过是研究者对她们所拥有的天赋的提醒。这些研究表明了心态对表现的影响，也表明我们影响他人心态的方式。有时候简单的几句话语就能引发巨大的改变。

我们都拥有这种影响周围人的力量，不管是积极的还是消极的。例如，当研究者提醒上了年纪的人认知能力会随年龄而衰退时，他们在记忆测试中的表现就差了很多。有多少善意的经理因提醒手下员工在工作中的缺点，而搬起石头砸了自己的脚？相反，当一位经理公开表达他对员工的信任时，他不仅改善了员工的士气和动机，而且实际上提高了他们成功的可能性。

> **"最好的经理和领导人会将每次交流都看作引导员工走向优秀的机会。"**

描述任务的方式也能对人们的表现产生影响。在一个实验中，研究者要求人们玩"华尔街游戏"或者"社区游戏"，该任务被用来测量人们在不同情况下愿意合作的程度。实际上，它们是完全相同的游戏。但是那些认为这项活动是社区游戏的人比那些认为是华尔街游戏的人更愿意合作。我们对他人和自己的期待被语言放大了，这些语言能对最终结果产生强大的影响。

古罗马诗人奥维德（Ovid）曾写到，雕刻家皮格马利翁看到大理石便能看出雕塑的样子。皮格马利翁心中有一个理想的形象，汇集了他所有的希望与愿望——一个被他称为加拉提亚（Galatea）的女性。一天，他按照他理想中的形象开始雕刻大理石。完成时他后退了几步，凝视着他的作品。雕像很美丽，加拉提亚不仅是一个女人，她还代表了所有希望、梦想、可能性和意义——美丽本身。皮格马利翁不可自拔地爱上了她。

当然，皮格马利翁不是傻子。他并不是爱上了一个石头女人，他爱上的是可能成为现实的理想形象。因此他向爱神维纳斯请求，希望能满足他一个愿望，让他的理想形象变成现实。至少在神话中，维纳斯满足了他的愿望。

时光飞逝到 20 世纪，我们来看一个著名的心理学实验。由罗伯特·罗森塔尔（Robert Rosenthal）带领的研究团队来到一所小学，对学生实施了智力测验。然后研究者告诉老师，根据测验结果，他们鉴定出每个班中哪些学生是学业明星，是最有发展潜力的学生。他们要求老师不要向学生提及研究结果，不要在这些学生身上花更多或更少的时间。然而，一学年结束时，罗森塔尔等人再一次对学生进行测验时却发现，这些小明星确实展现出了不寻常的智力能力。

这似乎是一个可以猜出结局的故事，只是故事最后却有一个欧·亨利式的转折。其实，这些小明星在实验开始时，绝对是非常非常普通的孩子。研究者只是随机挑出他们的名字，然后跟老师说他们很有潜力。但后来他们真的变成了学业明星。是什么使得这些普通的学生变得不普通了呢？虽然老师没有直接对这些学生讲，在每个人身上花的时间也差不多，但发生了两件关键的事情：老师对这些学生的潜力的信念已经在无意中，以非言语的形式传递了出去。更重要的是，这些非言语信息随后被这些学生消化吸收，并转变成了现实。

这一现象被称为皮格马利翁效应（也称罗森塔尔效应）：如果我们相信一个人的潜力，那么这种信念就会使潜力成为现实。不管我们是否发现了二年级学生的潜力或者参加晨会的员工的潜力，皮格马利翁效应在任何地方都发生着。我们对孩子、同事和伴侣的期望，不管这些期望是否被讲出来，都能使期望成为现实。

20 世纪 60 年代，麻省理工学院教授道格拉斯·麦格雷戈（Douglas McGregor）提出了著名的关于人类动机的双因素理论，管理者会采取其中一种理论。① X 理论认为：人们是因为薪水而工作，如果你不监督他们，他们就不会工作。Y 理论的观点正好相反：人们为了内在的动机而工作，在没有命令时，他们会更努力、更好地工作，他们工作是因为他们从工作中获得了满足感。

如果 X 型（或 Y 型）员工遇到持相反观点的上级时会发生什么呢？在研究这一问题时，他们遇到了一个很大的难题。几乎没有管理者会留下持相反态度的员工。结果证实，那些相信 X 理论的管理者，手下的员工都需要持续的监督，而那些相信 Y 理论的管理者的员工，都很热爱工作。结果表明，不管在为这些管理者工作前，员工的动机如何，他们一般都会变成管理者期望成为的样子。这就是实践中的皮格马利翁效应。

这是一个预言自我实现的极好范例。人们按照期望的样子去做，这意味着领导者认为可以激励员工的东西，常常真的起到了激励作用。那位世界 500 强企业的主管越认为他的员工是为了钱而工作，而不是为了"拯救海豚"，员工的动机就越会转变成 X 理论，越来越远离有意义的工作。实际上，我几乎从没看到过一个乐观而动机强的员工会在一个悲观而冷漠的经理手下干得长久。领导是什么样的，他的员工就会是什么样子。

---

① 麦格雷戈，美国著名的行为科学家，最具影响力的管理思想家之一，想进一步了解他的 XY 理论，可参见由湛庐策划、浙江人民出版社出版的其经典著作《企业的人性面》。——编者注

因此，皮格马利翁效应在企业界可以成为一个非常有力的工具。如果你是一位领导者，不管是领导 3 个人还是 300 人，请记住，影响结果的力量不只在于你的团队中有什么人，还在于你如何影响你的团队。每周一都问自己一遍下面 3 个问题：

1. 我相信员工的智力和能力不是固定的，而是可以通过努力提高的吗？
2. 我相信我的员工想付出努力，是因为他们想在工作中找到意义和成就感吗？
3. 我如何在日常言行中将这些信念传递给员工？

超越潜力的极限

在美国，你买到的好莱坞超人披风上常附赠一则警告：披风不会真的帮你飞起来。这听起来有些滑稽，但对支点和杠杆法则来说，这是一个有用的警醒。虽然使我们的心态移向更积极的一侧很重要，但我们不想移得太过。换句话说，我们必须小心，不要对我们的潜力抱有不切实际的期望。虽然很多体验是相对的，而且依赖于心态，但这种相对性是受到一定限制的（如地球引力）。这使我们必须面对这样的问题：我们如何知道我们的潜力是什么，我们应该为潜力加上什么样的限制？例如，想象一下跑鞋的广告："不要试图在 4 分钟内跑完 1.6 公里，那可能会造成伤害。"

当然，这样的警告有时是必要的。但如果警告让我们的眼界变得狭窄，那就会产生问题。积极心理学试图找出那些超越局限的成功者，撤除虚幻的限制。我们希望把可能性的边界推得尽可能远，不要像太多令人沮丧的老板、父母、教师或媒体告诉我们的那样。确实，仅仅相信我们能飞翔并不能让我们飞向天空。然而如果我们不相信，就永远没有机会离开地面。正如科学表明的那样，当相信我们能做得更多，取得更多成就时（或当其他人相信我们能时），我们就真的会取得更多成就。

问题的核心是：不要再认为世界是固定不变的。我们已经看到，75 岁的老人如何把他们的生物钟拨回 20 年前，一些话语和信念如何提高考试成绩，一些员工如何找到事业，而另一些人只能看到工作。相对于心态能够塑造周围客观世界的所有方式而言，这只是很小的一部分。下面几个法则将一步步地向我们展示，我们如何能培养积极心态，并利用这种积极的力量提升我们的工作、事业和组织。

法则 3：

启动大脑中积极的
"俄罗斯方块效应"

长时间玩《俄罗斯方块》游戏的人们，反复在大脑中扣动同一"扳机"，改变了大脑的神经联结，产生了所谓的"认知后像"，会重复某种思维或行为模式，这就是"俄罗斯方块效应"。

陷入消极的"俄罗斯方块效应"，会削弱我们的积极情绪水平和工作绩效，而当我们的大脑总能在不同情境中搜寻和注意积极面时，就启动了积极的"俄罗斯方块效应"。

2005 年 9 月一个寒冷的早晨，我从学生宿舍走出来的时候，差点去偷一辆警车。不可否认，这包含了糟糕的职业行为的所有特征，更别提我的部分工作是成为积极进取的典范，并让易受影响的本科生们学到责任感。是什么驱使我想去做这样一件事呢？你恐怕难以置信，前一天晚上我一直在玩"侠盗猎车"这个游戏，直到凌晨 4 点。

在连续的 5 个小时内，我的大脑已经习惯了这样的行为模式：偷一辆车，进入高速追捕模式，然后获得奖励。这只是一个视频游戏，本来应该与我在现实生活中的行为毫不相关。但是在连续玩这个游戏多个小时之后，当我第二天早上醒来时，我的大脑仍然处于这种思维模式中。这就是我走到大街上扫视周围，看是否有可下手的汽车的原因。给我的大脑带来短暂喜悦的是，我发现有一辆最适合偷盗的汽车——警车，它正停在离我不到 1.5 米的地方。是的，在大脑中的理智小人干涉之前，我发现自己在依照前一天晚上一直练习的模式做事。

当我伸手去碰触警车的门把手时，一阵兴奋感传遍全身。事实上，有一名警官正坐在车的前座上。嗯，这没有问题。我只需要摁一下控制器的 X 键，将这名警官拉出车外就可以了。直到看到自己在车窗上的影子，我才从"侠盗猎车"的世界里震回到现实中。

这是真实的故事。幸运的是，我没有去劫车。虽然那天早上我并不真想搞一起盗车大案，但就在那一刻，我只能遵循之前一直练习的模式去看待事物。很快我就了解到，这非常普遍，它与我们的大脑在真实生活中运行的方式有关。

改变大脑连接的"俄罗斯方块效应"

2002 年 9 月，一个名叫法伊兹的 23 岁英国人由于拒绝在航班上关掉手机而被监禁 4 个月。机组人员一遍遍地要求他关掉手机，以免影响飞机的通信系统，他公然无视，原因竟是他正在玩《俄罗斯方块》。

《俄罗斯方块》是一种看起来很易上手的游戏。这个游戏有 7 种形状的方块从屏幕顶部掉下来，游戏者可以旋转或者移动它们，直到它们落到底部。当这些方块填满一行时，这一行就会消失。这个游戏唯一的关键点就是以何种方式安排落下来的方块，并尽可能多地填满各行。听起来很无聊，但是一旦玩起来就会上瘾。

在哈佛医学院精神病学系所做的一项研究中，研究人员付费让 27 个人来玩《俄罗斯方块》游戏，一天玩若干小时，连续玩三天。每当我向学生提到这一研究时，他们都懊悔不已，不相信自己竟然错过了这样一个玩游戏还有报酬的好机会。但是我告诉他们，接下来可没什么好消息。在完成这项研究后的几天里，一些参与者几乎无法控制地做起了方块从天而落的梦。甚至在他们醒着的时候，有些人也总能在各个地方看到这些方块。很简单，他们把世界看成是俄罗斯方块组成的了。

一位俄罗斯方块上瘾者曾这样描述自己的经历："当我穿过超市的通道，想在两种品牌的麦片中选择一种时，我注意到一套燕麦盒子与下面一排的间隙是多么完美地契合啊。回家时走到一个'Y'字路口，我有点无聊地盯着砖墙，并思考着：我需要把那些浅颜色的黑砖旋转一下，正好契合墙下面那几块不平整的黑砖。在工作几小时后，我来到外面呼吸新鲜空气，揉了揉发干、发痒的眼睛，抬头望着费城的天空，就开始想：'如果我把维多利亚大厦翻过来，它是不是正好可以插入自由广场 1 号和 2 号大厦之间？'"玩家们将这种奇怪的现象称为"俄罗斯方块效应"。

这里发生了什么？俄罗斯方块的成瘾者是失去理智了吗？一点也不是。"俄罗斯方块效应"来自一个非常普通的身体过程，这一过程在他们的大脑内反复地扣动扳机，使他们陷入了所谓的"认知后像"（cognitive afterimage）。你知道，在被闪光灯相机拍完一张照片后的几秒钟内，那些蓝色或者绿色的光点会一直在你眼前晃。因此当你看周围世界时，你会看到同样的光模式，那个后像到处都是。当这些人长时间地玩《俄罗斯方块》游戏时，他们便陷入了眼前那个大光点儿中。在这种情况下，这种认知模式使得他们在看周围时，不由自主地看到了俄罗斯方块的形状（就像侠盗猎车游戏使我不由自主地看到车就想去偷一样）。这不仅仅是一个视觉问题，连续玩《俄罗斯方块》实际上改变了大脑的神经联结。有研究发现，连续玩《俄罗斯方块》游戏会创造出一种新的神经通路，这种新的联结扭曲了他们看待真实情境的方式。

诚然，如果要训练这些学生参加《俄罗斯方块》游戏比赛，出现这样的模式就是一个好消息。但事实证明，除《俄罗斯方块》游戏外，他们做任何事情都极不适应。让我们面对这一事实吧，很少有工作会需要玩《俄罗斯方块》游戏上瘾的员工。这就是我们大脑工作的方式：大脑非常容易陷入某种看待世界的方式，在这种模式中，有些方式比其他方式更有用。当然，"俄罗斯方块效应"不只限于视频游戏。正如我们下面将要详细解释的那样，它是大脑主宰我们看待周围世界的方式的一种比喻。

大家都知道，有些人会陷入"俄罗斯方块效应"，因而无法打破一种思维或者行为模式。通常，这种模式都是消极的。有人走进任何房间都会马上发现可抱怨的事物；老板总是注意员工哪里做错了，而不是哪里有进步；同事在每次会议前都预测会议会失败，而不管当时情况如何。你一定认识这种类型的人，也许你就是其中的一位。

在为世界 500 强企业工作的过程中，我学到一件非常有价值的事情：通常这些人并不是有意变得难以相处或者容易生气的。只是他们的大脑擅长搜寻环境中的消极面——马上发现烦恼、压力和麻烦。毋庸置疑，在这种情况下，就像《俄罗斯方块》游戏的玩家一样，他们的大脑通过多年的练习被训练成这样。然而，我们的社会鼓励这种训练。思考一下：在工作和个人生活中，我们是不是经常因为注意到需要解决的问题、需要管理的压力和需要纠正的不公正而受到奖励？有时这可能是非常有用的。问题是如果我们陷入那种模式，总是寻找和留意消极面，那么天堂也会变成地狱。更糟糕的是，我们越是看到更多的消极面，就越错过更多的积极面——那些能在生活中带给我们更多积极情绪并激发我们成功的事物。好消息是我们也可以训练大脑看到积极面，即在每一种情境下潜伏的好的可能性，让我们变成发现积极优势的专家。

有一次在澳大利亚，我在报告的茶歇时间走到户外去呼吸新鲜空气，碰到两名员工也在休息。其中一名员工抬头看了看天空说："今天阳光灿烂，真好。"另一名员工则说："我希望今天不会太热。"这两种陈述都是现实：阳光灿烂，但很热。第二个人正在屈服于一种习惯，这种习惯在他返回办公室时会削弱他的效率和绩效，实际上也正是如此。他几乎看不到生活和工作中的积极面——机会、可能性以及成长的机会，更不用说利用这些机会了。这不是小事一桩。不断寻找消极面会让我们付出很大的代价。它削弱了我们的创造力，增加了我们的压力水平，降低了我们实现目标的动机和能力。

在过去一年里，我一直在为毕马威会计师事务所工作，帮助他们的税务审计师和经理们，使他们变得更快乐。我意识到许多员工正在遭受同一个问题的折磨：他们中许多人每天必须用 8 ～ 14 个小时寻找税务表格中的错误。这样做时，他们的大脑就变得与寻找错误联结了起来。一方面，这使他们非常胜任自己的工作，但是当他们能非常专业地看到错误和缺陷后，这个习惯开始扩散到他们生活的其他领域。

就像《俄罗斯方块》游戏者在所有地方都看到方块一样，这些作为税务审计师的会计师，每天总是在寻找世界上最糟糕的东西。这可不是福利，而是会破坏同事关系和家庭关系的。在绩效评估中，他们只注意到团队成员的错误，而不是优势。当他们回到家里和家人相处时，他们只注意到孩子成绩单上的C，而不是A。当他们在饭店吃饭时，他们只注意到土豆煮得不透，而没有注意到牛排做得很可口。一位审计税务师承认，他在过去一个季度里感到非常沮丧。当我们讨论为什么会这样时，他谈起自己曾利用休息时间做了一个Excel表格，列出了他妻子过去6周里犯的所有错误。想一想，当他把这个错误列表带回家，并想有所改善时，他的妻子（或者很快会变成前妻）会有什么反应。

税务审计师不是唯一陷入这种模式的人。即使不是更严重，律师至少也是同样容易受这种模式影响的人群。研究发现，律师比其他职业群体罹患抑郁症的可能性高出3.6倍。当我在加州一家医院提到这一统计数字时，那些恨透了医疗事故诉讼的医生们爆发出一阵掌声。

由于拥有较高的教育水平、薪水和社会地位，这一发现似乎有些不合常理，但实际上，由于他们整天都要工作，所以这一点也不那么令人惊奇了。这一问题在他们进入法学院时便已经开始出现。当学生们进入课堂，开始学习关键的分析技巧时，抑郁就开始显现了。根据《耶鲁卫生政策、法律与伦理杂志》（*The Yale Journal of Health Policy, Law and Ethics*）的解释："法学院教学生寻找诉讼中的错误，训练他们变得苛刻而不是接纳。"尽管这是"执业律师的一项关键技能"，但是当它开始从法庭蔓延到他们的个人生活中时，就可能会产生"巨大的负面作用"。由于总是在寻找每一个诉讼案的瑕疵和每个个案的漏洞，他们开始过高估计自己遇到的问题的重要性和持久性，这正是通向抑郁和焦虑的最快途径，从而又会阻碍他们从事自己工作的能力的发挥。

过去几年里，我同许多律师交谈过，他们都不好意思地承认，下班回到家后竟养成了一个让孩子"宣誓作证"的习惯，即"如果就像你所辩解的那样，电影到 10 点半就结束了，那么请向法庭解释一下，你为什么比规定时间晚了 15 分钟到家？"还有一些律师说，他们总是不由自主地从数量和账单的角度回想与配偶共聚的宝贵时光。即使在休闲时，律师也会精确地告诉你，刚刚讨论新壁纸的颜色让他浪费了多少钱。正如挑错的会计师一样，他们的大脑陷入了这种模式。

事实上，在任何行业或职业中，都存在这样的模式，没有人能完全免疫。运动员们总想与朋友或家人竞争，金融交易员总想去评估他们所做的一切事情的潜在风险，经理们总是对孩子的生活指手画脚。

不可否认，陷入这种模式可以让某些人在工作中非常成功。税务审计师应该寻找错误，运动员应该具有竞争意识，金融交易员应该运用严格的风险分析。但当这些人不能有区分地运用他们的能力时，问题就出现了。当他们陷入这一模式时，不仅错失了利用积极优势的机会，而且悲观、挑剔的心态会使他们更容易抑郁，压力更大，身体状况变差，甚至滥用药物。

这就是俄罗斯方块负面效应的本质：一种降低我们整体成功率的认知模式。但是"俄罗斯方块效应"不一定就是适应不良。正如大脑能阻碍我们一样，我们也可以重新训练它寻找生活中好的事情，以帮助我们看到更多可能性，感受到更多活力，取得更进一步的成功。而第一步是要明白，我们能看到多少是由我们给予多少关注决定的。正如心理学家威廉·詹姆斯（William James）所言："我体验到的就是我想注意的事物。"

大脑会使你"选择性看不见"

在日常生活中，太多相互竞争的信息在争夺我们的注意力。想一想坐在星巴克里，我们的大脑必须注意的所有事情。我们一边听音乐，一边品尝咖啡，一边偷听邻桌的谈话，还要注意来往行人的着装，同时还想着我们当天将要做的工作，晚上要吃什么，以及为房子翻修的费用想点儿辙。这可能吗？为了应对这些超负荷信息，大脑拥有一个过滤器，只让最相关的信息进入意识。

这一过滤器非常像电子邮件的垃圾邮件拦截器。垃圾邮件拦截器会遵循一定的规则，删掉有害且不重要的邮件，你甚至都不必去看或者处理它们。同样的事情发生在我们的大脑里。据科学家们估算，我们每接收到 100 条信息，就只能记住其中的一条，其余信息都被有效地过滤掉了，倾倒在大脑的垃圾邮件文件夹里。只要神经垃圾邮件过滤器真的知道什么对我们最好，那我们就能高枕无忧了。但是，我们不能。垃圾邮件过滤器以只能过滤那些程序可以发现的东西。如果我们设置大脑过滤器以删掉积极面，那么这些数据将不再为我们存在，就像连环信和广告不会出现在我们的邮箱里一样。我们只看到了我们想寻找的事物，而错过其他很多东西。

心理学上有一个著名的实验，研究人员让志愿者观看一组篮球队员传球的录像。一队穿着白衬衫，一队穿着黑衬衫，他们正在互相传球。志愿者必须数出白衣队员传球的数量。大约过了 25 秒钟，有一个扮成大猩猩模样的人径直从屏幕的右边走到左边，持续了整整 5 秒钟，而期间篮球队员继续传球。之后，研究者要求观察者写下他们计数的传球数目，并回答一些问题，比如你注意到屏幕上有什么不寻常的事物了吗？录像中除了 6 名篮球队员，你是否还看到了其他人？你注意到那只巨大的大猩猩了吗？[①] 不可思议的是，在心理学家先后对 200 多人进行的实验中，

---

① 关于大猩猩实验及其背后的深刻含义，推荐阅读由湛庐策划、北京联合出版公司出版的《看不见的大猩猩》。——编者注

几乎半数人——46% 的人完全没有看到大猩猩。

实验结束后,当研究人员告诉他们有只大猩猩曾经出现时,许多人不相信他们会错过这么明显的东西,要求重新看一遍录像。在第二次观看时,他们当然不可能错过那么大一只大猩猩。然而,为什么第一次许多人都没有看到大猩猩呢?因为他们在专心地数传球次数,他们的神经过滤器把大猩猩的图像扔到了垃圾邮件文件夹里。

该实验展示了心理学家们称之为"无意视盲"(inattentional blindness)的现象。如果不注意,就算近在眼前,我们也看不到它。这一结论意味着我们会错过大量被认为是"显而易见"的东西。例如,研究表明,当人们的视线离开研究者 30 秒,再把注意力转回来时,许多人都注意不到研究者忽然穿了一件不同颜色的衬衫。还有研究发现,当行人给研究人员指路时,许多人甚至注意不到问路的这个人已经被调了包,现在说话的完全是另外一个人。从根本上讲,我们倾向于忽视我们不在寻找的东西。

积极优势挖掘 **指南**

"无意视盲"是一种心理现象。无论是物体还是事件,如果我们不注意,就算近在眼前,我们也看不到它。这意味着我们会错过大量被认为是"显而易见"的东西。

这种选择性知觉也可以解释,为什么当我们寻找某样事物时,它就会随处可见。你可能有过 100 万次这种经历了。你刚刚学了一首新歌,忽然发现这首歌总是在电台里播出。你买了一双新款运动鞋,很快你发现健身房几乎所有人都穿着同样的鞋子。我记得在我决定购买丰田普锐斯汽车的那天,满大街忽然都是这种汽车——每 4 辆小汽车中似乎就有一辆蓝色普锐斯(而这正是我想买的颜色)。难道我居住的小镇的居民刚好都在那天决定出去买蓝色普锐斯吗?

难道广告商发现我正在摇摆不定，因此特意使我周围的环境充满了他们的产品，而迫使我做决定吗？当然不是。什么都没有改变，除了我的注意力。

尝试一个小实验。闭上眼睛，想想红色，在脑海里真实地浮现出红色。现在睁开眼睛，环视房间，是不是到处都能发现红色？假如没有搞恶作剧的孩子在你眼睛闭上时重新粉刷了你的家具，这种突显的知觉只能源于你注意力的改变。许多实验表明，两个人观看同样的情景，实际上却会看到不同的事物，这取决于他们期待看到什么。他们不仅在离开时带有对相同事件的不同解释，而且实际上在视觉范围内也看到了不同的事物。一项研究发现，两个人观看同一个朋友的同一张照片，会从那个朋友的脸上看到完全不同的表情。这不仅会影响我们的社会关系，而且如果我们总是从消极的角度解读他人，它还可能在工作中伤害我们。想象一下把一个潜在客户的表情理解为没有兴趣，而实际上他的表情是满意的，这桩生意的结果将会怎样？或者你觉得一个同事的态度傲慢，而实际上他非常想帮忙。

这就解释了我在澳大利亚遇到的情况。相同的天气对他们的体验是不同的——阳光灿烂和炎热。第一个人发现阳光是不能错过的。第二个人并不想成为一个脾气坏的人，只是炎热是他能感觉到的唯一事情。

"不要创造一种寻找消极面并阻碍成功的认知模式，要训练大脑去寻找使我们的成功率加倍的机会和观念。"

虽然总是存在看待事物的不同方式，但不是所有方式都会产生同样的结果。就像陷入消极"俄罗斯方块效应"的那些人一样，结果会削弱我们的积极情绪水平和工作绩效。另外，想象一下在每种情境中以挑出积极面的方式来看待事情，这正是积极"俄罗斯方块效应"要达成的目标。

选择积极的"俄罗斯方块效应"

当大脑总是搜寻和注意积极面时，我们就会从三种最重要的工具中受益：快乐、感恩、乐观。第一种起作用的机制是快乐。快乐起的作用应该是很明显的，你从周遭发现的积极面越多，你的感觉就越良好。我们已经看到它给绩效带来的好处。第二种起作用的机制是感恩。越多地看到积极的机会，我们就会变得越感恩。几乎毕生都在研究感恩的心理学家罗伯特·埃蒙斯（Robert Emmons）发现，对我们的幸福而言，生活中几乎没有什么东西能像感恩那样不可或缺。无数的研究发现，总是心存感激的人更有活力，更有智慧，更宽容，更少遭遇抑郁、焦虑或者孤独。并不仅仅是因为更快乐的人们更懂得感激，感恩也是产生积极结果的一个重要因素。研究人员随机挑选了一些志愿者，在几周的时间内让他们学会感恩，相比控制组而言，训练结束后，他们变得更加快乐和乐观，感受到了更多的社会联系，拥有更高质量的睡眠，头痛甚至都变得更少了。

积极优势挖掘
指南

当我们的大脑总是搜寻和注意积极面时，我们就会从三种最重要的工具中受益：快乐、感恩、乐观。

积极的"俄罗斯方块效应"第三种起作用的机制是乐观。从直觉上看这是合乎情理的。你的大脑挑选的积极面越多，你就越期待这种趋势可以继续，你也会因此变得更加乐观。实验证明，乐观对工作绩效而言是一个强有力的预测指标。研究发现，乐观主义者比悲观主义者设定更多和更困难的目标，为了实现这些目标，会付出更多努力，在面对困难时，会坚持得更久，更容易跨越障碍。乐观主义者也会更好地处理高压环境，在艰难时期保持高水平的幸福感，这些都是在高强度的工作环境中达到高绩效所必需的关键能力。

正如我们在"法则2"中看到的那样，期待积极的成果会使积极成果更易出现。再没有人比研究者理查德·怀斯曼（Richard Wiseman）[1] 更能证实这一点了，他试图发现为什么我们中有些人似乎总是很幸运，而另一些人却总是交不到好运。你可以猜到，事实上根本没有幸运这样的事物，至少在科学的意义上是如此。唯一也是最大的不同是，人们是否认为他们是幸运的。从根本上讲就是，他们是期待好的事情还是坏的事情降临在他们身上。

怀斯曼要求志愿者阅读一份报纸，并数出报纸上有多少张图片。那些认为自己很幸运的人只花了几秒钟就完成了该任务，而那些自认为不幸运的人平均用了两分钟。为什么？原来在报纸的第二版上有一条醒目的信息："别数了，这张报纸上共有43张图片。"简而言之，答案太明显了，但是自认为不幸运的人更容易忽略了它，而幸运的人更可能看到它。作为额外的奖励，在报纸的中间还有另一条信息："别数啦，告诉实验人员你已经看到了答案，你会赢得250美元。"

那些认为自己不幸运的人，在生活中同样会忽略这个机会。由于陷入消极"俄罗斯方块效应"，他们无法看到对其他人而言很明显的东西，他们的表现（和钱包）也因此蒙受损失，而原本每个人都有机会成为幸运儿。

"获得巨大奖励的可能性潜伏在每个人的环境中，问题只不过是你能否留意它。"

思考一下这会给你的事业带来的后果，成功与否几乎完全可以根据你发现并利用机会的能力进行预测。实际上，69%的高中生和大学生说他们的职业抉择要依机会而定。那些利用这些机会和那些看着机会溜走或者完全忽略机

---

[1] 怀斯曼是心理学家中的怪才，他的专业研究领域包括心理的魔力作用、奇迹、运气和直觉等。在湛庐策划、浙江人民出版社出版的《行为背后的心理奥秘》一书中，怀斯曼用科学的方法剖析运气，告诉读者用什么样的技巧和练习可以提升好运的概率。——编者注

会的人之间的不同就是注意力的不同。当某人陷入消极"俄罗斯方块效应"时，他的大脑就无法看到这些机会。但是如果心怀积极性，大脑就会对可能性保持开放。心理学家们将之称为"预测编码"(predictive enocoding)：让你的大脑期待好的结果实际上会对你的大脑进行编码，当好的结果出现时大脑便能够认出它。

　　想象一个典型的文员办公室。这个环境的客观现实总是一样的：墙、地毯、订书机、计算机。但是，在其他一切都相同的情况下，我们怎么看待这个地方取决于我们自己。有些人觉得这个环境局促、狭窄又无聊；而另一些人则认为这个地方充满活力又自由。换句话说，对有些人来说，这是一间办公室，而对另一些人来说这是一间小牢房，只是办公室窗户上没有栅栏罢了。你认为谁更有可能在这样的环境中胜出呢？谁会发现成长和成功的最大机会呢？谁会发现报纸上白送 250 美元的广告，或者看到如何将最初的失败转变成可获利的副业呢？

　　一位曾经与我一起工作过的高管给我讲了一个发生在他家乡的剧院里的故事。

积极优势挖掘 案例

　　对剧院来说，戏服是一笔巨大的财务支出，因为穿破了之后就再也没有用了。剧场老板没有因这笔固定成本而哀叹，而是换了个角度思考并寻找可能性。首先，他们把戏服租出去，作为副业创造了利润。然后他们把租金中的一部分收入捐献给地方一个反对虐待儿童的非营利组织。由于他们总是很乐观，因此他们既能够巧妙地利用这些戏服，又能得到"双倍的现实好处"。他们在为剧场增加收入的同时，也为社区的繁荣做出了贡献。

既然知道了积极"俄罗斯方块效应"有多么强大，我们就需要了解如何正确地训练大脑，让那些使我们更具有适应力、创造力和动力的信息进来。这些信息也能帮我们在工作和游戏中发现并利用更多的机会。

正如熟练掌握一个视频游戏需要几天时间的专心练习，训练大脑注意更多的机会也要练习。快速启动这一练习的最好方法是记录每天在工作中、事业中和生活中发生的好事。这听起来似乎有些做作，或者简单得有些可笑。活动本身确实很简单，但是十几年的实证研究证明，这种方法会对大脑的联结方式产生深远的影响。

这一练习具有持久的力量。一项研究发现，那些一周七天坚持写下三件好事的参与者，在接下来的 1 个月、3 个月和 6 个月内会更加快乐和更少沮丧。更令人惊奇的是，即使在练习停止之后，他们依然更快乐，表现出更高水平的乐观。他们越擅长寻找好事情并记录下来，就越会看到更多的好事，甚至随处可见。你每天记下的事情不必很宏大或者很复杂，只要具体就行了，可以是一顿可口的泰国大餐，到家后孩子给你的一个紧紧的拥抱，或者你从老板那里得到的当之无愧的感谢。

积极优势挖掘 案例

当你要写下当天发生的"三件好事"时，大脑会被迫寻找过去 24 小时内潜在的积极面——那些带来微笑和大笑的事情、在工作中获得的成就感、与家人更紧密的联系、对未来的一线希望。每天 5 分钟，这样做可以训练大脑更擅长留意和专注于个人成长与职业成长的可能性，抓住机会并采取行动。而由于我们一次只能注意这么多，大脑就会把那些过去常常占据主要地位的小烦恼和沮丧推开，直至完全推出我们的视觉范围。

"三件好事"练习的另一种形式是写一篇关于积极体验的短日记。我们早就知道，将困难和痛苦发泄出来可以带来放松，但是研究人员查德·伯顿（Chad Burton）和劳拉·金（Laura King）发现关于积极体验的日记也有与之同等的效果。在一项实验中，他们要求人们一周三次，每次用 20 分钟记下一次积极体验，与那些记录中性文字的控制组相比，第一组人不仅在积极情绪水平上有了大幅提高，甚至 3 个月后他们仍表现出较少的疾病症状。

除了上述所有这些好处外，你也将注意到，"法则 1"和"法则 2"提到的所有好处都开始聚到你的生活中。例如，投入积极的"俄罗斯方块效应"可以让领导者给予员工更多的赏识和鼓励。它还使你工作的意义和目的更加明确，这样你就能与你的事业联系在一起。它还会使你采用富于感情且积极的口气来传达任务，并提高员工的创造力和解决问题的能力。它能最快速地使你更快乐，这意味着你的大脑将在更长的时间内高速运转。

当然，我们只有通过坚持才能构建这种"俄罗斯方块效应"。就像任何技能一样，我们练习得越多，它就变得越容易和越自然。既然确保贯彻一项良好行为的最好方式就是使之成为一个习惯（详见"法则 6"），这里的关键就是使这项任务仪式化。例如，每天选定相同的时间写下你的感恩清单，并把必需的东西放在伸手就能拿到的地方。我旁边的桌子上有一张小小的速记便笺和一支钢笔，就是为了方便写下感恩清单。

我在美国运通公司工作时，我鼓励他们在每天上午 11 点设定一个邮件提醒，提醒他们写下三件好事；和我一起工作的中国香港的银行家们喜欢每天早上查邮件前记下他们的三件好事；我在非洲培训的 CEO 们选择每天晚上在晚餐桌前与孩子们一起说出三件感恩的事。什么时候做这件事并不重要，只要你定期去做。

参与这项活动的人越多，得到的好处就越多。当非洲的 CEO 们把这项活动带给孩子们时，他们不仅发现了更多可以感恩的事情，而且还为坚持这一练习承担起了更多责任。有几个 CEO 告诉我，每当他们在工作中不顺心，想放弃记录三件好事时，他们的孩子们却坚持要完成练习后才肯吃晚饭。这种社会支持大大增加了坚持这些积极习惯的机会。我告诉企业领导人，在每天晚上入睡前或者上班前吃早餐时，他们可以和伴侣一起做这些练习，这样更易坚持。而且还有一个额外的奖励：当他们变得更擅长发现周围的积极面时，也更容易看到婚姻中值得感激的事情。这些练习在幼儿园小朋友和大学生身上，在中层经理和小企业主身上，在行业领袖和华尔街分析员身上，都发挥着同样的作用。年龄和职位并不重要，重要的是训练和坚持。

保持理智的乐观主义

当我说到积极的"俄罗斯方块效应"时，通常会遇到一个问题："如果我只注意好的方面，那岂不是看不见真实的问题？我不可能戴着玫瑰色眼镜经营一家企业。"

在某种意义上来说，这是事实。透过完全过滤掉所有消极面的镜头来看待世界本身就存在问题。这就是为什么我喜欢这个略微修改后的比喻：玫瑰色眼镜。正如名字所暗含的那样，玫瑰色眼镜让真正重要的问题进入视觉领域的同时，仍然让我们的注意力大部分集中在积极面上。因此我对这名主管说，你不仅能够戴着玫瑰色眼镜经营企业，而且你也应该这么做。科学已经证明，寻找积极面有太多有形的好处，但前提是要避免傻傻的乐观主义或一厢情愿。

积极可能过头吗？绝对会。这几年的事实就是这样，不理智的乐观主义是市场泡沫形成的原因，最终导致了崩溃。它使我们购买支付不起的房子，过着力所不能及的生活。它使企业领导人用糖衣来包装现实，而对未来毫无准备。它使我们看不见需要纠正的问题或需要改进的领域。关于"积极错觉"的研究表明，当它使我们过度高估我们当下的能力时，乐观主义就变得不合适了。有时候悲观主义也应常伴左右，比如它能阻止我们做出愚蠢的投资或者冒险的职业变动，或者阻止我们拿自己的健康做赌博。持批判的态度不仅对个人和企业，而且对整个社会都是有用的，尤其是它可以让我们承认不公平，并努力去保持平衡。

积极优势挖掘指南

当"积极错觉"使我们过度高估我们当下的能力时，乐观主义就变得不合适了。

理想的心态不是不关注风险，而是给予好的一面优先权。不仅仅是因为这会使我们更快乐，还因为它确实创造了更多福利。人们往往会在透过玫瑰色眼镜来看世界和总是生活在雨云中二者之间选择前者。在企业中和在生活中，理智的乐观主义每次都会胜出。

> **"关键不是完全排除坏的一面，而是拥有一种理智的、现实的、健康的乐观主义。"**

当我们训练大脑启动积极的"俄罗斯方块效应"时，不仅增加了快乐的机会，而且会引起一连串事件来帮助我们收获更多的好处。关注好的方面不仅能帮助我们克服"瓶子只满了一半"的抱怨，避免只看镜子的一面的狭隘视野，还能开放我们的思维，接纳更多的观念与机会，帮助我们在工作和生活中变得更有创造力、更有效率、更成功。每个人都能看到更多的可能性，比如那白送的 250 美元。你是想忽略它，还是想训练你的大脑看到它？

法则 4：

选择更好的
"反事实"

当一件事情发生后，大脑会创造出"反事
实"来帮助我们评估和理解事件的另一种场
景。选择更好的"反事实"（counterfact），除
了可以使我们感觉更好外，还会让我们从伴随
积极心态而来的动力和表现中收获良多。

当我还是一个本科生时，常被怂恿"出卖"我的身体——心理学系常常有偿招募志愿参加实验的被试。因为我总是缺钱，所以我很乐意去做各种实验的实验品，这些实验内容从单纯的羞辱到花样百出的圈套，还包括令人不舒服的社会遭遇、反复做核磁共振成像、使人疲惫的身心能力测试等。但最令我记忆深刻的是一次看上去还算不错的"帮助老人"的实验。

实验持续 3 个小时，报酬是 20 美元。实验前，两名研究助手递给我一套带绑带的自行车反光罩和一条白色的自行车紧身运动短裤。其中一名助手说："请把这些反光罩绑在你身体的每一个关节上，穿上短裤。噢，对了，我们的白色衬衫发完了，因此你必须光着上身。你希望继续吗？"

为了 20 美元，豁出去了。几分钟后，我的肘部、手腕和膝盖都绑上了反光罩，我看起来就像一个赤裸胸膛的机器人。然后他们向我解释了实验的内容：研究者正在研究老人摔倒的方式，这样他们就能帮助老人避免受伤。当然，由于他们不可能为了这个实验真去要求老人反复跌倒，所以才招募大学生来代替。在我听来，这个解释非常合情合理。

他们告诉我，我要在黑暗中沿着一条铺着衬垫的走廊向前走，有一台摄像机会记录我关节上反光罩的位置。当我向前走时，会发生以下 4 种情况。

1. 地板忽然滑向左边，我将摔倒在铺着衬垫的通道上。
2. 地板忽然滑向右边，使我失去平衡摔向左边。
3. 一条系在我右腿上的绳子将在我身后猛地一拉，我会脸先着地摔倒。
4. 当我走到走廊尽头时，如果上述 3 种情况都没有发生，我就要自己摔倒在地上。

最后一种情况听起来尤其滑稽：什么样的老人会故意让自己摔倒在地上？

但是为了 20 美元！因此在接下来的一小时内，我每 30 秒钟就摔倒一次。在摔倒了 120 次后，研究助手出现了。他不好意思地咯咯笑着说，他们忘了把录像带放进录像机里，所以需要重录一遍所有的摔倒过程。"你还想继续吗？"我又同意了。

又摔倒了 120 次之后，我遍体鳞伤，感到筋疲力尽。带着这全副装备，我想从垫子上爬起来都要花好多力气，整个过程折磨得我浑身疼痛。当我最后蹒跚着走出通道时，研究助手和一位看起来很权威的教授站在一起，他说自己务必亲自过来查看一下这一不寻常的事件：实验从来没有持续过这么久。

这个实验实际上与"帮助老人"毫不相关（永远不要相信心理学实验的名字）。这些研究者实际上在研究动机和适应力。他们想知道，在人们放弃前，他们能承受多少疼痛和不舒服？为了得到奖励，一个人能够忍受多少痛苦？从我身上得到的答案是：很多。周六，教授来医院看望我，因为我是唯一一个整整坚持了 3 个小时的人。当他们站在床边向我解释这一切时，我不禁想，为了区区 20 美元而忍受这番虐待，自己是否被人当成傻瓜了。但就在我开口之前，教授递给我 10 张 20 美元的钞票。"让你遭了这么多罪，这是我们起码能做到的，"他说，"实验对象从垫子上爬起来继续向前走得越远，奖励就越大。你赢得了最高奖：200 美元。"

教授很和善，但是比起慷慨的奖金，更让我记忆深刻的是我从中学到了适应力的本质——跌倒，再爬起来。10 年后，我在全球成千上万的企业领导人那里重现了"帮助老人"这一实验情境。在经历最严重的经济衰退之时，摔倒在地板上的高管们感到地板已经从他们脚下脱离，投资商们感到他们的根基被严重动摇，各个层级的员工发现他们的腿被难以控制的力量猛地拉了一下。在我到过的每一个大洲，问题都是相同的：在我一次次摔倒并感到筋疲力尽时，我怎么才能找到力量让自己重新站起来？

如果回到我做本科生当实验品的岁月，我对此是没有答案的，但现在我有了答案——逆境成长。

"逆境成长"的力量

人类的大脑就像一个不知疲倦的、过于热切的地图绘制员一样，在不断地创造和修正心理地图，以帮助我们在这个复杂而永恒变化的世界中顺利生活。这种趋势经过上千万年的进化已经在我们身上形成了。为了生存，我们必须给我们生存的环境制作心理地图，制定出获得食物和性的策略，描绘出行动可能产生的效果。这些地图不仅对荒野生存很关键，对商业社会中的成功与发展也很重要。

例如，你在跟一个客户谈判，在决定是报不太高的价格还是报高价时，你的大脑会无意识地（有时是有意识地）生成一幅有两条可能路径的事件地图，然后它会试图预测这两条路径通往何处。如果报不太高的价格，这条路径可能导致客户还价，最终达成交易。而如果你报高价，这条路径可能会激怒客户，最后他找别人去做生意了。所有人类的决策都包含这类心理地图。它们从"我在这里"的点（现状）开始，向外发散出许多条路径，其数量取决于决策的复杂性以及当时你思维的清晰度。当我们的头脑足够清楚而有创意，能认识到面前的所有路径，并准确预测这些路径将去往哪里时，我们就能做出最成功的决策。问题是当处于压力或者危机中时，许多人都会错过所有路径中最重要的一条路径：在逆境中成长。

危机或逆境后的每个心理地图都有三条心理路径：一条路径围绕着你现在的位置打转（即消极事件没有产生任何变化，你在开始的地方结束）；另一条心理路径把你引向更消极的结果（即在消极事件之后你变得更糟，这条路径是我们害怕冲突和挑战的原因）；还有一条路径，我称为第三条路，可以使我们在经历失败或挫折后更强大，更能干。老实说，在困难时期找到这条路径不容易。在经济危机或其他危机中，我们倾向于形成不完整的心理地图，具有讽刺意味的是，我们很难看到的这条路通常是最积极和最具创造力的一条路。实际上，当感到无助和失去希望时，我们甚至不再相信会有这样一条路存在，因此不愿去寻找它。但这正是我们应该寻觅的路，因为，我们发现第三条路正是那些被失败打倒的人和从失败中奋起的人之间的不同之处。

积极优势挖掘
指南

> 危机或逆境后的每个心理地图都有三条心理路径：一条路径围绕着你现在的位置打转；另一条心理路径把你引向更消极的结果；还有一条路径，我称为第三条路，可以使我们在经历失败或挫折后更强大，更能干。

许多研究表明，如果我们能把失败看作成长的机会，就更有可能获得成长。相反，如果我们把失败看作世界上最糟糕的事，那它就是世上最糟糕的事。《从优秀到卓越》一书的作者吉姆·柯林斯（Jim Collins）提醒我们："我们不能被环境、挫折、历史、错误甚至巨大的失败所禁锢。我们要从选择中获得自由。"通过扫描我们的心理地图，寻找积极的机会，拒绝相信生活中的每次低谷只能使我们更低落，我们就让自己拥有了最大的力量：向上的能力。

在今天的社会里，我们太容易忽视第三条路了。一个尤其突出的例子是，当士兵开赴前线时，心理学家通常会告诫他们，回来后他们要么"回归正常"，要么患上"创伤后应激障碍"（PTSD）。这样一来，士兵的心理地图只拥有两条路径——正常和心理疾病。虽然关于"创伤后应激障碍"的记录非常丰富，而这也的确是战争造成的严重后果（战争真是太可怕了，以至于"正常"都成了一个有吸引力的承诺），但是另有大量的研究证实了第三条更好的路的存在：创伤后成长。

丧亲之痛、骨髓移植、乳腺癌、慢性病、心脏病发作、战争、自然灾害、人身攻击、沦为难民，这一连串灾难读起来就像人生悲剧的大集合。但是研究人员发现，这些事件也激励许多人产生了深远的积极成长。心理学家们将这种经验称为逆境成长或者创伤后成长。第一次看到这些最近的研究时，我很伤心，为什么我以前没有听说过它？我觉得这些研究不仅惊人，而且能改善成千上万人的生活。现在我们谈论的不是一些边缘的实验，而是许多著名的实验。

在过去 20 年里，心理学家理查德·特德斯奇（Richard Tedeschi）和他的同事一直把创伤后成长的实证研究作为他们的使命。虽然特德斯奇承认这一观念本身是很古老的，你一定听过"那些杀不死我们的，终将使我们更强大"这句格言，但是他解释说："只有在最近 25 年里，这种现象，即从困境中出现好事情的可能性，才成为系统的理论和实证研究的焦点。"多亏了这一研究，我们才能确信而不只是从个别轶事中得到印证：巨大的痛苦或者创伤确实能够在很多人身上产生巨大的积极变化。例如，2004 年 3 月 11 日马德里火车爆炸事件发生后，心理学家们发现许多当地居民都经历了积极的心理成长。大部分被诊断患有乳腺癌的妇女也是如此。这些积极的心理成长包括精神上更成熟，共情能力提高，心态更开放，甚至对生活满意度更高。在经历创伤后，很多人也报告说个人力量和自信心提高了，更加重视社会关系，同时社会关系也更融洽了。

当然，不是所有人都会如此。那么在这些经验中获得成长的人和没有获得成长的人有哪些重要区别呢？这里面有许多机制在起作用，心态毋庸置疑地占据着中心位置。人们发现向上之路的能力很大程度上依赖于如何看待他们手中的牌，所以最常导致逆境成长的策略包括对情况或事件的积极重读，乐观、接纳以及专注于积极的问题处理机制，而不是试图回避它或者否认它。正如一些研究人员解释的那样："看来不是事件本身的类型影响创伤后成长，而是对事件的主观体验。"换句话说，那些成功从垫子上爬起来的人，不是根据发生在他们身上的事情，而是根据他们如何能从发生的事情中有所收获来评价自己的。这些人实际上利用逆境发现了前进之路。他们谈论的不仅是"反弹回来"，而且是"弹到前面"。

尽管我们中许多人都不会经历重大创伤，但在生活中的某些时刻，我们都曾经历过某种逆境。在个人生活或职业生涯中，发生在我们身上的困难程度不同，我们有许多词语来描述它们：错误、障碍、失败、失望、痛苦。然而，每一次挫折其实都伴随着一定的成长机会，我们可以教自己看到并利用这种机会。正如我的导师沙哈尔喜欢说的那样："事情不一定朝着最好的方向发展，但有些人能够在发生的事情中做到最好。"

最成功的人不会把逆境看作绊脚石，而是将它看作通向卓越的垫脚石。确实，早期的失败能够激发出新观念，最终成功转型，获得突破性发展，使事业重焕生机。我们都听说过这些例子：乔丹曾被高中篮球队除名，迪士尼曾因没有足够的创意被一家报社解雇；披头士乐队曾被一名唱片经理回绝，理由是"吉他乐队已经过时了"。实际上，他们有许多关于胜利的名言从本质上描述了向上跌倒的观念。"我在生活中一次又一次地失败，"乔丹说："那就是我成功的原因。"肯尼迪曾说过类似的话："只有那些敢于大败的人才能取得大成就。"爱迪生也声称他是从失败走向成功的。正是这个原因，许多风险投资家乐于雇用那些曾经历过商业失败的经理。一份毫无瑕疵的简历并不比一份展现失败和成长的简历更有希望。因此，"与其在失败周围构筑一道墙，好像失败是放射性物质一样，"一位顾问解释说，"公司还不如举办一次失败派对呢"。

《哈佛商业评论》指出，最聪明的公司甚至故意犯错误，以此来激励有创意的问题解决办法，这可以产生最具变革性的观念和方案。回到贝尔电话公司的鼎盛时期，该公司通常要从"高风险"顾客那里收取保证金，但有一次它故意让 10 万名这样的顾客溜走，以此发现哪些人无论在什么情况下都会及时付款，而哪些人不会。有了这一信息，公司就能设计出一种有效的筛选流程，这一流程最终为公司带来了上千万美元的收入。正如《哈佛商业评论》那篇文章的作者总结的那样，犯这样的错误是"一种加速学习和提高竞争力的有效方式"。

可口可乐公司实践了这一信念，并取得了卓越成效。

积极优势挖掘 案例　2009 年，可口可乐公司的 CEO 在年度投资商大会上不是从庆祝成功开始，而是从列出所有失败开始。听说过 OK Soda，Surge，或者 Choglit 吗？你应该没听过，因为它们是可口可乐公司推出的三款失败产品。强调这些失败的意义在于让投资商了解，公司有时候会犯错误，有时候会损失金钱，但从这些失败中可以得到更有价值的教训，而所有教训都有助于可口可乐公司的持续发展。

沙哈尔认为："我们只有实际地经历失败并超越失败，才能学会处理失败。我们越早面临困难和挫折，就越能做好准备，处理好人生中遇到的不可避免的挫折。"许多研究证实了这一点。

在一项实验中，有 90 个人参加了一个软件培训项目，其中一半被要求防止错误发生，而另一半被鼓励犯错误。很奇怪，被鼓励犯错误的这组人不仅表现出更好的自我效能感，而且由于他们已经学会如何从错误中走出来，所以后来能更快速、更准确地使用软件。

不幸的是，从失败到成功的路径不总是那么容易被发现。在危机期间，我们可能会陷入痛苦的现状，而忘了还有另一条路。当 2008 年金融危机迅速席卷至整个劳动大军时，我看到了这一点。其中一天的经历尤其让我难忘。我当时在曼哈顿的摩天大楼上俯瞰着 7 年前"9·11"事件留下的空地，准备为一家全球信用卡公司的高级副总裁们做一场关于幸福心理学的演讲，单是这一惨烈的记忆就足以让我感到担忧了。当我走进房间感受到明显的沮丧情绪时，担忧就加剧了。我没有从听众那里看到每个演讲者都希望看到的自信微笑和直接的眼神接触，我看到的只有苍白的脸庞和沉默。离我的演讲还有半个小时，现在是员工晨会后的休息时间。通常在这样的时候，大家都会不停地按着黑莓手机，同时大口喝着咖啡，与至少 4 个人聊天。但这次没有。

人力资源部经理把我拉到一边，焦急而仓促地告诉我，几分钟前公司刚刚通知了大家应对经济崩溃的计划，其中包括大规模重组、工作职责的重大变化以及大量裁员。他告诉我，有些人还能保住他们的工作，但许多人将因此失去宝贵的团队成员和同事，大家的职业生涯在休息时间结束后就会大变样。在充分理解这次彻底的变革前，我意识到麦克风已经别在我的衬衫上了。我很少害怕谈论积极情绪，但这次不太一样。

在接下来的几个月里，我游走于香港、东京、悉尼、伦敦和纽约的世界500 强企业中，这些公司刚刚宣布裁员并取消奖金。我通常在这种情况下等待着艰难的演讲。在每家公司，我都发现有一些经理和员工完全被恐惧吓呆了，他们不能采取任何行动。他们的心理地图似乎陷入了严酷的现状，或者更糟，他们只注意到会导致失业或破产等更糟结果的路径。

在西雅图的一家小型制造企业中，一名沮丧的经理告诉我，过去她的团队以充满活力的会议而闻名，现在她发现自己面对的是呆板的眼神和紧闭的嘴巴。约翰内斯堡一家建筑公司的经理哀叹道，曾经外向的推销员现在回避着客户的电话，因为他们不想发布更多的坏消息。他们不能为客户或者自己看到一个积极的未来，那么何必劳神呢？在一家全球金融企业的总部，我走在宽敞的交易所中的狭窄通道里，这个交易所有 4 个足球场那么大。平时这里人声鼎沸，充满活力，但此时这个巨大的空间被不祥的静寂所包围。人们在空荡荡的桌子旁低着头走路，避免眼神的接触。在我看来，他们似乎在一起逃避工作。

这正是需要付出额外努力的时候，而我不断遇到的这些人似乎已经麻痹了，好像他们已经放弃了。到底发生了什么？

无处不在的"习得性无助"

为了理解现代企业中失败与成功的心理学，我们需要短暂地回到"宝瓶座年代"①。20 世纪 60 年代，塞利格曼还没有成为积极心理学的奠基人，而只是一名低年级研究生，在大学的实验室里研究快乐的对立面。

当时实验室的研究人员在用狗做一些实验。他们给狗一些声音刺激（比如铃声）的同时，对狗进行轻微的电击，目的是想了解狗对只有铃声的情况会如何反应。在这一条件反射建立后，研究人员把狗放进一个"穿梭箱"里，这个大箱子被一堵矮墙分隔为两个独立的区域。在一个分隔间里，狗总是受到电击，但是在另一个分隔间里，狗很安全，不会遭到电击，并且跳过矮墙很容易。研究人员预测，狗在先前的实验中已经学会，一旦听到铃声，就立即跳进安全的区域，这样它们就能避免接下来的电击。但事实根本不是这样。

① 宝瓶座年代，指嬉皮士运动活跃的 20 世纪 60 年代。——译者注

塞利格曼记得有一天在实验室偶然听到一位研究人员的抱怨。"这就是狗，"他们哀叹道，"这些狗什么也不做。它们肯定出什么问题了。"在实验开始前，狗能很顺利地跳过障碍物，但这次它们只是躺在那里不动。虽然研究人员认为这似乎是一个失败的实验，但塞利格曼却发现了它的价值：研究人员意外地教狗学会了无助。一旦铃声响起，不管怎么样都一定会有电击。因此，在这种情境下，它们也不去费力跳到箱子的安全区域了，因为它们相信，无论它们做什么都不能避免电击。就像约翰内斯堡的建筑公司的员工一样，他们实际上在想："何必劳神呢？"

经过对人类行为几十年的研究，塞利格曼及其同事发现，在狗身上出现的无助模式同样不可思议地发生在人类身上。当我们失败了，或者当生活给我们以打击时，我们会因此变得无助，以至于只能通过放弃来回应。事实上，在现代压力过大的商业社会里，小隔间就是新的穿梭箱，而员工就是新的狗。一项研究表明，我们人类实际上与犬科动物非常相像。研究人员把两组人带进一间屋子里，发出一阵很大的噪声，然后告诉他们通过按控制板上的按钮可以把噪声关掉。第一组人尝试了按钮的所有组合，但都不能让噪声停止。第二组作为控制组，按了一组按钮后成功地关掉了噪声。然后又给了这两组人同样的第二个任务：他们被带进一间新屋子（相当于一个穿梭箱），他们又一次面临讨厌的噪声。

这一次，两组人都能够轻易地制止噪声，只需简单地把手从一边移到另一边，就像狗能轻易地跳到箱子的另一边一样。控制组很快就发现了这个方法，消除了刺耳的声音。但第一次暴露在无法停止的噪声下的那一组成员，什么也没做，甚至不去劳神动一下手或者想办法让噪声停止。正如一位研究人员所说："好像他们学会了无论做什么噪声也停不下来，因此他们甚至不去尝试，尽管其他一切因素，包括时间和地点都变了。他们把那种对噪声的无助感带到了新实验中。"

在 20 世纪 90 年代中期，上海的大部分地区还是农田，而现在已经发展成一个举世瞩目的繁华大都市。随着外资涌入中国和经济的起飞，曾经是城市最高建筑的 20 层办公大楼忽然在林立的摩天大楼边相形见绌了，一切似乎预示着无限的繁荣。

我在 2009 年夏天第一次来到上海时，这一壮景已暂时停滞，不仅中国如此，全球都是如此。我到过的每一个地方，从上海浦东金融区 104 层的办公大楼到纽约股票交易所的交易大厅，我发现人们都被压力绑住了手脚。由于无法预测下一次金融海啸会前往哪里，他们被绝望束缚，不能向前移动一步。我无法完全理解是什么吓得他们手足无措，直到一位经理直截了当地告诉我："市场力量超出了我的控制。股票价格超出了我的控制。老板的决定超出了我的控制。因此没有什么是我能做的。随它去吧。"

2008 年的经济大衰退及其余波已经向世界上许多员工灌输了一种习得性无助，即相信行动是没有用的。但问题是，当我们从心理地图中消除了向上的选项时，便消除了寻找向上这一选项的动机，我们处理挑战的能力最终也被削弱了。

不仅如此，当对生活的某一领域感到无助时，人们不仅在这一领域选择放弃，还经常"过度学习"这一教训，把它运用到其他情境中。他们相信，一条路走不通，那么所有可能的路都走不通。工作中的一个挫折可能导致一个人对人际关系产生失望，与朋友不和可能让我们不愿尝试与同事建立关系，等等。当这一情况发生时，我们的无助感会螺旋式上升，渐渐超出控制，最后阻碍了我们在生活中所有领域的成功。这正是悲观和抑郁的定义：所有路都是死路，心理地图中只有通向失败的路径。我们不必太延伸就能看到这一负面循环在更大的社会范围内的存在。当人们不相信有向上之路时，他们实际上没有选择，只能停留在跌倒的地方。

积极优势挖掘

指南

当对生活的某一领域感到无助时，人们不仅在这一领域选择放弃，还经常"过度学习"这一教训，把它运用到其他情境中。工作中的一个挫折可能导致一个人对人际关系产生失望，与朋友不和可能让我们不愿尝试与同事建立关系，等等。当这一情况发生时，我们的无助感会螺旋式上升，渐渐超出了我们的控制，阻碍了我们在生活中所有领域的成功。

危机是成功的催化剂

有一个快被讲滥的故事，相信你也听过：20 世纪初，两个卖鞋的推销员被派往非洲考察商机，他们分别给老板发回了电报。一个在电报上写着："无望。这里的人不穿鞋。"另一份电报上写着："绝好的机会！这里的人还没有鞋穿。"

今天，如果同样派两个推销员去阿拉斯加卖空调，或者去戈壁沙漠卖游泳衣，他们还会发回类似的电子邮件。关键是有些人遇到逆境时就不再寻找变失败为机会、变消极为积极的路径。而另外有些人，我们中最成功的那些人，他们知道不是逆境本身，而是我们对待逆境的方式决定了我们的命运。

有两个股票经纪人，阿克斯勒和保罗。两个人的薪水都高达六位数，外加奖金。他们都在自己的职位上工作了多年，并且会继续工作下去。金融海啸来临，对他们都造成了冲击。保罗被彻底打垮了：他的生活方式岌岌可危，每天都有更糟糕的消息，不断让他沉入更深的

"有些人无助地坐以待毙，而另外一些人则聚集他们的才智，利用他们的优势，奋起前进。"

绝望之中。而阿克斯勒呢，虽然最初也感到难过，但他把这件事看作重新评估目标、追求新项目的机会。同样的背景，几乎完全相同的专业经验，却造成了非常不同的结果。

我们都认识一些像保罗那样应对逆境的人，但阿克斯勒的故事也是真实的。阿克斯勒是巴克莱银行投资分部的助理主管，出乎意料地被解雇了。他没有为自己感到难过，而是认为现在正是使事业朝着梦想的方向前进的时刻，于是他开始运作对冲基金。总之，阿克斯勒把坏运气转变成了机会。结果证实这真是个好机会，虽然经济在下滑，但他还是能够与许多客户签约，最后变得更加快乐，收益也更加丰厚，这一切都是因为他能够找到第三条路。

幸运的是，正如个人危机能为积极的个人成长提供基础一样，经济危机也常常能推动公司走向更大的成功，20 世纪的许多明星企业，比如惠普公司和得州仪器公司实际上都是在大萧条时期崛起的。美国的顶级公司也常常利用经济衰退来重新评估和改进他们的商业实践。《时代周刊》在 1958 年便指出（这一观点在今天仍然适用），"就在所有公司都收缩其运作时，有些公司却发现了做事的新方式，而这种方式本来已存在多年，但在繁荣时期一直被忽视了"。经济困境迫使公司找到了缩减成本的创新方式，激励经理们回到一线了解员工与生产运作。一位公司总裁承认，渡过衰退期的价值实际上是无穷的："我们发现了可以改进生产的各种修正方案。现在这些修正方案运行得非常好，即使衰退明天结束，我们也不会回到原来做事的方式了。"这些话写于 50 多年前，但只要观察一下那些最成功的公司是如何从最近的衰退中崛起的，我们就可以发现，这一观点在今天仍然适用。

最好的领导者不仅在繁荣时期能保持本色，在困难时期也是如此。《华尔街日报》说，虽然一位领导者对金融危机的自然反应可能是待在困境中，并等待事情好转，但这正是错误的做法。相反，经理们应该付出双倍的努力，因为"危机可以成为创意的催化剂"。那些在挫折面前选择麻痹的领导者错失了这一伟大机会。无助感不仅使他们自己的表现变差，而且也会降低员工的幸福感，损害公司的利益。

而那些迎接挑战，变得更有活力，从失败中受到激励的领导者，收获了所有令人惊异的成果。

关键是当面临挫折或失败时，沉溺于无助感会让我们在垫子上摔倒，而寻找机会之路则帮我们站起来。记住这一点，下面就是一些用来在我们的事业和生活中发现第三条路的策略。

> **积极优势挖掘**
> **案例**
>
> 当其他公司领导者正挣扎着以求生存时，百事公司的 CEO 卢英德（Indra K. Nooyi）却把衰退看作一个机会，并在全球进行商务旅行，鼓舞员工士气，与员工建立信任关系。她这样做不仅提高了整个公司的士气和绩效，而且在 2009 年被《财富》杂志评为商界最有影响力的女性。

想象一下，你走进一家银行，这时银行里还有其他 50 个人，一个强盗走进银行开了一枪，你的右胳膊被射中了。

如果第二天你要如实地向朋友和同事描述这件事，你会把它描述成幸运的还是不幸的？

在培训中，我曾多次向高级主管们提出同样的问题，他们的反应通常为 7 ：3。70% 的人认为这是非常不幸的事件，另外 30% 的人认为确实非常幸运。这充分说明，同样的事件能引起非常不同的解释，但当我让他们解释他们是如何得出这些结论的时，真相才浮出了水面。

不幸一组的人会说：

"我本来可以在任何时间走进任何一家银行的。这类事情本可以不发生，而我却碰巧在那里，这是多么不幸啊！而且我还被射中了！"

"有一颗子弹在我的胳膊里，从客观上来说，这是不幸的。"

"我走进银行时还健康无恙，离开时却在救护车上。我不知道你怎么想，肖恩，但那对我来讲没什么好的。"

我最喜欢的回答之一来自一位名叫埃尔西的银行家，她操着一口纯正的伦敦腔。"这会很不方便的。"她干巴巴地说。

但我"空前喜欢"的回答，也是我听过不止一次的回答如下（而且总是从华尔街那帮人的口中说出来）："至少还有50个人在银行里，肯定有人比我该挨枪子儿。"

这些人无法理解，去银行办点事就挨了枪，怎么可能是幸运的。但是后来他们听到了另一种解释：

"要是射中心脏，我就死了，这可比伤只胳膊严重得多。因此我感到非常幸运。"

"令人惊奇的是，其他人没有受伤。至少还有50个人在银行，包括儿童。大家都能活着讲述这个故事真是不可思议的幸运。"

尽管回答的差异非常大，但房间里的每个人都做了同样的事情，即"发明"一种"反事实"。"反事实"是大脑创造出来帮我们评估和理解事件的另一种场景。我的意思是，那些把结果看作不幸的人想象了一种根本没被射中的场景，对比而言，他们的结局似乎非常不幸。但另外一组人"发明"了一种非常不同的场景：他们可能被射中头部或死去，或者其他许多人可能受伤。相比之下，能活着是非常幸运的。

关键之处在于，这两种场景完全是假想的。因为它是被发明出来的，所以我们实际上可以在任何给定的情境中有意识地选择一种场景，以使我们感到幸运而非无助。选择一种积极的反事实，除了可以使我们感觉更好外，还会让我们从伴随积极心态而来的动力和表现中收获良多。而选择一种使我们对逆境感到更恐惧的反事实，则会令逆境比实际情况更悲惨。例如，在一个有趣的实验中，弗吉尼亚大学的研究人员要求实验对象站在山顶的一块滑雪板上来估计山的坡度。实验对象站在滑雪板上感到越害怕、越不舒服，估计的坡度就越高、越陡。

大部分专业人士都会面临一些日常的挫折，但推销员的生活几乎毫无疑问地总是充满着失败和被拒绝。在许多企业中，只有 10% 的推销方案能带来成功，这意味着推销员在几乎绝大多数时间里都遭到了拒绝。一段时间后，这种情况会非常打击推销员的士气，这也解释了为什么在人寿保险推销员中会有如此高的人员流动率。20 世纪 80 年代后期，员工流动率在大都会人寿保险公司居高不下，50% 的推销新人在第一年就会辞职，到第四年仅有 20% 的人还在岗。公司单单在雇用成本上一年就损失 7 500 多万美元。

> "当选择一种使我们感到更糟的反事实时，我们实际上就改变了现实，使困难对我们的影响远比实际本应产生的影响大很多。"

这时大都会人寿保险公司雇用了塞利格曼，他那时已经不再研究狗的习得性无助了，而是利用这些研究来探索人们从各种逆境中奋起的方式。塞利格曼注意到，虽然大部分研究对象在面临一个又一个挫折后确实感到沮丧和无助，但总有少数人似乎是免疫的，无论他们面临什么困难，总是能够东山再起。他很快就发现他们都用一种积极的方式来解释事件，即研究者所谓的乐观的"解释风格"（explain style）。

接下来几十年的研究表明，解释风格，即我们如何解释过去事件的性质，对我们的积极心态和未来成功有着重要的影响。有乐观解释风格的人把逆境解释为特定的和暂时的，如"还不是那么糟，事情会变得更好"。而有悲观解释风格的人则把这些事件看作普遍的和永久的，如"真是太糟糕了，永远也改变不了"。然后他们的信念直接影响行为。相信后一种陈述的人陷入了无望中，不再去尝试，而那些相信前者的人在激励下会表现得更好。

积极优势挖掘 指南

"解释风格"，即我们如何解释过去事件的性质。塞利格曼发现人们在面临一个又一个挫折后确实感到沮丧和无助，但总有少数人无论面临什么困难，总是能够东山再起，他们都用一种积极的方式来解释事件，即研究者所谓的乐观的"解释风格"。

我们现在知道，实际上所有成功之路都由解释风格来决定。它能预测学生在高中时的表现，甚至新兵在军校中的表现。有着更乐观解释风格的一年级新生能得到更高的测验分数，比其他同学更少退学。在体育界，对运动员的研究显示，从大学生游泳运动员到专业的棒球选手，解释风格都能预测运动员的表现。它甚至能预测人们做完心脏搭桥手术后的恢复情况。

积极优势挖掘 案例

当塞利格曼被找来协助解决大都会人寿保险公司推销员离职的问题时，他首先观察的指标之一就是他们的解释风格。测试表明，有更多乐观风格的代理确实比悲观的代理多卖出37%的保险，最乐观的代理实际上比最悲观的代理多卖出88%。而且，乐观的代理比悲观的代理的离职率少了一半。

这正是大都会人寿保险公司要寻找的答案。他们决定完全根据解释风格雇用一支特别的代理队伍。这一行动得到了回报。在接下来的一年里，这些代理比悲观的同行多卖出 21% 的保险；第二年多卖出 57%。

大都会人寿保险公司意识到他们发现了宝藏，因此决定从那天起彻底改革它的用人方案。如果前来应聘的保险代理没有通过常规的企业考试，但在解释风格的评价上得了高分，那么无论如何公司都会雇用他们。如果他们通过了企业考试，但在解释风格上得分很低，那么不管他们有多么聪明，公司也不会雇用他们。仅仅几年内，大都会人寿保险公司的人员流动率就大幅度下降，同时市场份额增加了将近 50%。

用“ABCD 法”化逆境为转机

当然，把逆境转变成机会是一种能力，对有些人来说，他们能比其他人更自然地做到这一点。有些人已经有了乐观的解释风格，他们自动地想象出使他们感到幸运的场景，并把挫折解释为短期的和小范围的，在他人预感到有坏事情要发生的地方看到了潜在的机会。而另外有些人却没有乐观的解释风格。但幸运的是，这些技巧是可以学会的。

有一种方式，可以帮助我们看到由逆境通往机会的道路，即练习对 ABCD 模式的解释，ABCD 指的是逆境（Adversity）、想法（Belief）、后果（Consequence）和反驳（Disputation）。逆境是指我们不能改变的事情，它就是它本来的样子。想法是我们对逆境的反应，为什么我们认为它会发生以及我们认为它对未来意味着什么。从本质上看，它是一个暂时和特定的问题呢，还是永久的和普遍的？我们有现成的解决办法，还是认为它不可能得到解决？如果我们相信前者，即如果我们把逆境看作暂时的，或看作一个成长机会，或者认为逆境只是生活的一部分，我们就能最大程度地利用机会，取得积极的成果。但是如果想法把我们引到一条更悲观的路径上，无助和无作为就会带来消极的结果。这时反驳就要上场了。

反驳意味着首先告诉自己，我们的想法仅仅是想法，而不是事实，然后向它发起挑战或辩论。心理学家建议我们把这一反驳大声地说出来，假装是来自别人的声音，就好像我们实际上在与另一个人辩论。这种想法的根据是什么？它没有破绽吗？我们会推荐给好友这样的逻辑吗？或者一旦我们走出自己的圈子看一看，就会发现这种逻辑似乎没什么用，是吗？对这一事件还有哪些看起来说得通的解释？对它有哪些更具适应性的反应？有没有另外一种可以采取的反事实陈述？

最后，如果逆境确实很糟糕，但是糟得过我们最初的预想吗？这种特殊的方法被称为"去灾难化"（decatastrophizing）。花些时间向自己证明，虽然逆境是真实的，但或许没有我们最初想得那样具有毁灭性。这听起来有点像从贺卡里抽出来的鸡汤文字，但"事情永远也没有看起来的那么糟糕"的观念实际上是一个生物学事实。因为进化已经使我们非常擅长适应哪怕最极端的生活环境，事情从来不会像我们认为可能的那样把我们击倒，或打击我们太长时间。

例如，我们也许认为一次可怕的受伤将永远改变我们获得积极情绪的能力，但实际上，经过最初的调整，度过一段困难时期后，大部分瘫痪的患者都能重返与受伤之前相同的积极情绪水平。简而言之，人类的心理比我们认为的更有适应力。这就是为什么当我们面临一个糟糕的前景，比如一段恋爱关系或者工作的结束时，我们会高估它使我们不快乐的程度与持续时间。我们陷入了"免疫忽视"（immune neglect），这意味着我们总是忘记心理免疫系统是多么擅长帮助我们渡过难关。

丹尼尔·吉尔伯特（Daniel Gilbert）是《哈佛幸福课》一书的作者，他做了许多实验揭示了现实中的"免疫忽视"。大学生会高估失恋对他情绪的影响。助理教授高估了终身职位申请被拒绝所带来的不快。不管是什么样的逆境，都不会像我们认为的那样给我们带来重击。了解人类心理的这一脆弱面，即我们对结果的恐惧总是比结果本身更糟，能帮我们更乐观地面对不可避免的低谷。

　　因此，下次当你发现自己感到无望或者无助时，不管是由于事业上的一些困难、工作中的一些挫折，还是个人生活中的一些失望，请记住总有向上的第三条路，你唯一的任务就是去找到它。最重要的是，记住成功不是永远不跌倒或者仅仅是跌倒后一次次爬起来。成功不仅是简单的韧性（像我在"帮助老人"实验中那样）；成功利用向下的势头促使我们走向相反的方向；成功利用挫折和逆境让我们变得更积极，更有动力，甚至更成功。这不是跌倒，而是"跌起"。

法则 5：

抓住成功的
"内控点"

心理学家发现，在生产率、快乐和健康上的收获与我们实际拥有多少控制力关系不大，而更多地与我们认为拥有多少控制力有关。

那些工作和生活中最成功的人拥有"内控点"（internal locus of control），即相信他们的行为对结果有直接影响，而那些有"外控点"的人更可能将各种事件视为由外部力量所决定。

一个传说中名叫佐罗的蒙面英雄正风靡美国西南部，他疾恶如仇，行侠仗义，英勇无畏，在许多书籍、影视剧中都备受欢迎。加上他的机智俏皮和如鱼得水的女人缘，佐罗身上似乎体现了一个男人应该具备的所有吸引人的品质。

但是佐罗的故事中有一个鲜为人知的情节。传说中，佐罗一开始并不是超级剑客，并不能纵身从枝形吊灯上飞身跃下，用他的剑术制伏 10 名大汉。在电影《佐罗的面具》（*The Mask of Zorro*）一开始，我们看到他是年轻而冲动的亚历山大，他的激情远远超过耐心和自律。他想除暴安良，伸张正义，但又渴望马上就能做到这一点，并博得关注。他飞得越高，跌得就越重，直到不久后他感到失去了控制，完全无能为力。年长的剑师唐迭戈遇见他时，亚历山大已经破产，沉迷于酒精，变得绝望。但唐迭戈似乎看到了这个年轻人的潜力，于是收留了他，并向亚历山大许诺只要付出"努力和时间"，掌控和胜利终将来临。在唐迭戈秘密藏身的洞穴里，年长的剑师在泥地上画了一个圆圈，开始了对亚历山大的训练。亚历山大只能在这个小圆圈里战斗。正如唐迭戈充满智慧地对他的门生所讲的那样："这个圈就是你的世界，你的整个生活。除非我允许，否则不能走出这个圆圈。"

一旦亚历山大掌控了这个小圈，唐迭戈就允许他慢慢地尝试更高超的技艺，一个接一个，他都掌握了。不久他就能打败他的老师，甚至在燃烧的蜡烛上做俯卧撑（对于训练而言这不是最实用的能力，但从电影效果上来看，确实令人印象深刻）。但是如果他没有首先学会掌控那个小圈，那所有这些成就都是不可能的。在掌控那个小圈之前，亚历山大无法控制他的情绪，对自己的武艺心里没谱，对达成目标的能力没有十足的信心，最糟的是，他对自己的命运失去了控制感。

> "只有在他掌控了第一个圈之后，他才开始成为佐罗，传奇的佐罗。"

成功的人拥有"内控点"

我们如何在工作、事业和个人生活中实现最有抱负的目标，"佐罗的圈"这一概念是一个有力的比喻。成功的最大驱力之一就是相信我们的行为有价值，相信我们对自己的未来有控制权。然而，当压力和负荷似乎超出我们的承受能力时，控制感常常是最先失去的东西，尤其是当我们试图立刻同时处理许多事情时。但是，我们如果首先把努力集中在小的、可掌控的目标上，就能重新获得至关重要的控制感，发挥出更佳表现。首先限制我们的努力范围，然后发现那些努力有了扩大效应，我们就能积累资源、知识和自信来扩大这个圈，逐渐征服越来越大的领域。唐迭戈并没有教年轻的亚历山大如何在一夜之间成为超级剑客。佐罗从小圈开始练习，然后逐渐地掌控了越来越大的圈，他的传奇式成功就是从那里开始的。

感到有控制感，感到我们在工作中和家庭中是自己命运的主人，是幸福感和绩效的最强大的驱力之一。对学生来说，有更大的控制感不仅会产生更多的积极情绪，而且会使他们获得更好的成绩，并有更强的动力追求他们真正想要的事业。类似的，在工作中感到有更多控制感的员工表现得更好，并有更高的工作满意度。然后这些好处会向外扩散。2002 年一项名为"变化中的劳动力国家研究项目"的课题调查了近 3 000 名带薪员工，研究发现，工作中有更大的控制感的人也会有较低水平的压力、工作—家庭冲突及离职率。

有趣的是，心理学家发现，这些在生产率、积极情绪和健康上的收获与我们实际拥有多少控制力关联并不大，而更多地与我们认为自己拥有多少控制力有关。记住，我们如何体验世界在很大程度上是由心态来塑造的。那些工作和生活中最成功的人拥有心理学家所称的"内控点"，即相信他们的行为对结果有直接影响。而那些有"外控点"的人更可能将各种事件视为由外部力量所决定。

积极优势挖掘　**指南**

2002 年一项名为"变化中的劳动力国家研究项目"的课题调查了近 3 000 名带薪员工，研究发现，工作中有更大的控制感的人也会有较低水平的压力、工作—家庭冲突及离职率。

我们很容易就能弄明白，内控的人在工作环境中更容易适应。比如，如果没有得到晋升，一个外控的人可能会说："这里的人不识才，我永远没有机会得到提升。"因此就失去了动力。如果认为自己无能为力，我们就会受到习得性无助的潜在控制，成为它的牺牲品。而内控的人将会思考他如何能做得更好，然后在那个领域有所改进。外控的人不仅在失败面前认输，而且会错过成功的荣誉，这同样会造成适应力差，因为它削弱了信心和投入。我曾有一位客户，她的外控感非常强烈，不管她获得多少赞美，她总是说那仅仅是由于她很幸运或者她的老板对她不错。她从不认为自己的行为对成就有很大影响，结果她从没有真正从工作中获得过兴趣感或成就感。

理解控制点对行为产生影响的最佳领域之一是体育界。想一下那些优秀运动员在赛后记者招待会上的表现吧。他们把失败归罪于太阳太刺眼或者裁判吹错哨了吗？他们把成功归功于他们的星座或者天生幸运吗？不！当他们赢得比赛时，他们优雅地接受赞美；当他们输了比赛时，他们祝贺竞争对手的良好表现。如果我们相信自己的行为在很大程度上决定了自己的命运，那么就能受到激励从而更加努力。当我们看到这一努力有了回报时，我们对自己的信心只会变得更强。

这一观念在生活的几乎所有领域里都是正确的。研究表明，那些相信力量存在于自己所掌控的圆圈内的人有着更高的学业和事业成就，在工作中更快乐。内控会降低工作压力和人员流动率，产生更高的动机、组织承诺和工作表现。正如他们有时被称为的那样，"内控者"甚至拥有更强大的社会关系。研究表明，他们在沟通、解决问题和达成目标方面表现得更好。内控者也是更专注的倾听者，在社交方面的适应力也更强——正好所有这些品质都能预测工作及家庭中的成功。

由于对工作和生活的控制感降低了压力，这甚至可以影响我们的身体状况。一项针对 7 400 名员工的大规模研究发现，那些对最后期限失去控制感的人患冠心病的风险比同龄人高出 50%。实际上它的影响非常大，研究人员认为，对工作缺乏控制感是心脏病与高血压的风险因素。

说明控制感强大力量的最佳例子不是来自商业世界，而是来自老年人。在一项令人难以置信的研究中，研究人员发现，当他们为一组在家接受护理的居民设置一些简单任务，以帮助他们有更多控制感时，比如让他们照料房间里的植物，不仅他们的积极情绪水平提高了，而且死亡率也降低了一半。要找到比照料屋里的植物更小的控制圈很难，然而对那么小的任务的控制感竟然也能延长他们的寿命。

为什么会失去控制

不幸的是，虽然控制感对成功很重要，但我们并不总是拥有这种控制感。有些人天生易受外部控制点的影响，而其他人在因为需要付出很多时间、精力和能力而感到不堪重负时，也可能会陷入那种心态。为了充分理解这是怎么回事，我们需要仔细考察一下大脑内部。

在日常生活中，人们的行为通常由大脑中两个互相斗争的部分博弈而定：膝跳反射式的情绪系统（让我们称它为"反射"）和我们理性的认知系统（让我们称它为"思考者"）。从进化的意义来看，大脑最古老的部分是"反射"，它的基础在大脑的边缘系统，在这里杏仁核发挥着主导作用。几万年前，这种膝跳反射式的情绪系统对生存是必需的。在那时，当一只剑齿虎跳出来要吃人的时候，我们根本没有时间进行理性思考，"反射"跳出来采取行动。杏仁核探测到这种警告，使身体充满了肾上腺素和应激激素，激起一阵即时的、本能的反射——"战斗或者逃跑"的反应。多亏了"反射"，我们才能在 1 万年后坐在这里。

幸运的是，今天没有剑齿虎在花园里闲逛。在现代社会里，生活中的问题通常比逃跑或者被吃掉更复杂，"反射"的本能反应有时危害大于好处。尤其是需要进行决策时，"反射"常常会给我们带来许多麻烦。这就是为什么经过上万年的进化，我们早已经发展出"思考者"，即大部分位于大脑前额叶的理性系统。我们用这一系统进行思考，从大量信息中得出结论，并为未来做出计划。"思考者"的目的很简单，但它反映了一个巨大的进化上的飞跃：先思考，然后再反应。

我们的大部分日常挑战都由"思考者"来应对，但当我们感到压力或者失去控制时，"反射"就跳出来接管了。这不是有意识的，而是生物学的。当我们处于压力之下时，身体就开始大量分泌皮质醇，这是一种与压力有关的有毒化学物质。一旦压力达到一个关键点，即使最小的挫折都能引发杏仁核反应，从根本上击中大脑的恐惧按钮。当这一过程发生时，"反射"就战胜了"思考者"的防御，使我们在缺乏理性思考的情况下采取行动。与"思考，然后反应"相反，"反射"的反应模式是"战斗或者逃走"。我们于是就变成了科学家所谓的"情绪绑架"（emotional hijacking）的受害者。

在过去十几年里，研究人员已经评估了这种情绪绑架是如何影响工作中的表现和决策的。在一项研究中，心理学家理查德·戴维森（Richard Davidson）利用他在神经科学领域的专长准确界定出：为什么有些人面对压力时具有超强的韧性，而另一些人却特别容易被压力打垮。他把这两组人放在完全相同的高压力环境下，比如在短时间内解决难度很大的数学问题，或者写下他们生命中最伤心的时刻，同时他利用功能性磁共振成像技术追踪被试的大脑机能。

当每个实验对象处理手头的挑战时，戴维森观察了他们大脑的理性部分和反射部分的激活情况，这两个部分互相斗争，争夺主导权。当他比较这两组人的模式时，发现在更有适应力的人身上，前额叶皮层很快就战胜了边缘系统，换句话说，"思考者"几乎很快就从"反射"那里夺了权。而容易烦恼的那一组人，在杏仁核活动上表现出持续的上升，这意味着"反射"已经绑架了"思考者"，战胜了大脑的理性和处理能力，变得更为沮丧。

关于这一点，你或许会想，所有这些大脑的活动与实现工作中的目标有什么关系呢？实际上，关系非常大。心理学家丹尼尔·戈尔曼（Daniel Goleman）是具有开创性意义的《情商》一书的作者，他大量研究了情绪绑架让我们付出的代价。点滴压力随着时间而累积，就像工作中经常发生的那样，只要一个小小的烦恼或者刺激就足以让人失去控制，换句话说，就像让"反射"掌控方向一样。当"绑架"发生时，我们也许会对一位同事发怒，或开始感到无助和不堪重负，或者忽然失去所有的活力和动机。结果，我们的决策能力、生产率和效率都会急剧下降。这不仅对个人，而且对整个组织的团队都会产生真实的影响。

在一家大公司，研究人员发现被工作压力打垮的经理带领的团队工作绩效最差，创造的净利润最低。一个即将失败的公司也可能是情绪绑架的强大触发器。神经科学家们已经发现，面临财务损失时，大脑加工的区域实际上与遇到致命危险时大脑反应的区域相同。换句话说，我们对下滑的利润和不断减少的退休金账户的反应方式与我们的祖先对剑齿虎的反应方式相同。

积极优势挖掘
指南

心理学家戈尔曼对情绪绑架的研究证明，点滴压力随着时间而累积，就像工作中经常发生的那样，只要一个小小的烦恼或者刺激就足以让人失去控制，换句话说，就像让"反射"掌控方向一样。当"绑架"发生时，我们也许会对一位同事发怒，或开始感到无助和不堪重负，或者忽然失去所有的活力和动机。结果，我们的决策能力、生产率和效率都会急剧下降。这不仅对个人，而且对整个组织的团队都会产生真实的影响。

丹尼尔·卡尼曼（Daniel Kahneman）是唯一曾获诺贝尔经济学奖的心理学家，他对我们理解纠结的大脑如何影响商业决策做出了巨大贡献。在他之前，主流的观点认为人类是理性的决策制定者，我们基于对潜在利润与损失的理性评估来做出财务决策和经济决策。但卡尼曼和他的同事阿莫斯·特沃斯基（Amos Tversky）证明这是错误的。

有一个被称为"最后通牒游戏"的经典实验是这样的：研究者请两个互不相识的人来到实验室，给了其中一个人 10 张 1 美元的钞票，告诉他可以按他喜欢的方式在自己和另外一个实验对象之间分配这笔钱。比如，他可以把 10 美元都留给自己，也可以四六分，等等。然后手握 10 美元的被试给对方下一个最后通牒："接受或不接受我给你的钱。"关键就在这里：如果接受者选择不要钱，那么两个人都得不到钱。

在传统的经济学家看来，这相当简单。一个理性的人将总是会接受这一交易，不管给他的钱多么少。毕竟，即使只有 1 美元，那也比他们进来时多拥有

1 美元呀。但实验表明，大部分接受者实际上拒绝了 1 美元甚至 2 美元。为什么？因为他们没有理性地权衡选择，而是允许自己的情绪，通常是最初的愤怒和气恼占据上风。当然，这并不合乎情理，因为他们拒绝了白给的 2 美元，并变得心怀愤恨。但是这样的选择总是在发生。当神经科学家们进一步研究时发现，大脑的边缘系统越活跃，更少的金钱分配就越可能遭到拒绝。正如一位研究者所写的："这些发现表明，当参与者拒绝一个不公平的分配时……这似乎是一个强大的（似乎消极的）情绪反应。"

我看到"反射"给世界各地许多公司造成了巨大破坏。这正是股东们高买低卖的原因，即使他们知道他们应该做出相反的行为。这也是我们成为市场泡沫的牺牲品，以及当泡沫破裂时，市场会崩溃的原因。正如贾森·茨威格（Jason Zweig）在《当大脑遇到金钱》一书中指出的那样："每个人都知道因恐慌而出售是个糟糕的主意。"但当大脑按下恐慌按钮时，理性就飞出了窗外，钱包、事业和最终结果都要受到损害。

重获控制，一次一个圈

那么如何从"反射"那里重获控制，并把它交回"思考者"的手中呢？答案是佐罗的圈。我们需要征服的第一个目标或首先需要画的圈是自我意识。实验表明，当人们被诱发出高水平的沮丧时，恢复最快的那些人能识别出他们的感受，并把这些感受说出来。大脑扫描出来的信息几乎能够马上削弱这些消极情绪的力量，提高幸福感，改善决策技能。因此不管是在日记中写下这些感受，还是同一个自己信任的同事或密友谈谈，把你感受到的这些压力和无助感用语言表达出来是重获控制的第一步。

一旦你掌握了自我意识的圈，下一个目标就应该是鉴别。鉴别出情境的哪些方面你能控制，哪些方面你不能控制。当我与"法则 4"中提到的那位上海经理及其同事一起工作时，我要求他们写出所有的压力、日常挑战和目标，然后把它们分为两类：他们能控制的事情和他们不能控制的事情。任何人都可以在一张纸上、一个 Excel 表格上甚至马提尼酒吧的一张餐巾上做这个简单的练习。关键是挑选出那些不在我们掌控中、必须将其赶走的压力，同时识别出付出努力就能产生真正影响的领域，这样我们就能相应地集中精力。

一旦受训者列出了确实在他们控制内的事情，我就让他们确定一个能很快实现的小目标。通过缩小行动范围、集中精力和努力的方向，就可以增加成功的可能性。你可以这样想一想：洗车的最好方法是把大拇指摁在水管的喷口上，这样可以使水压更集中。在工作中，同样要使你的努力集中于你能发挥作用的那一小块领域。通过一次处理一个小挑战，慢慢向外扩展圆圈，我们就能够重新认识到行为对结果有直接影响，以及我们在很大程度上是自己命运的主人。有了更多的内控点和对自身能力的更大自信后，我们就能向外扩展努力了。

一开始，有些事业上总是一帆风顺的人难以接受这一概念。三年前，我曾与一个非常忙碌的副总裁一起工作过，她不想再让工作把自己弄得疲惫不堪，就想开始跑马拉松。她那时身体不在最佳状态，由于之前一直忙于工作，根本没有锻炼过身体，但她相信既然她能管理一个跨三大洲的超大团队，她也能做到跑完 42 公里。我不是专业的长跑运动员，但我担心她这巨大的野心会给她带来麻烦。因此我主动向她提了一点建议："如果你以前没有跑过马拉松，也许你应该慢点开始，可以先绕着体育场的跑道跑几圈，然后再逐渐增加。"

她不喜欢这个主意。"绕圈跑？"她说，"你不明白。我想在一个月后跑马拉松。我需要马上开始长跑。"她购买了光鲜的鞋子和高科技装备，一开始在每天上班前，她严格地坚持跑步。两周后，她累得筋疲力尽，小腿受伤，上了夹板，而她还没跑到 8 公里，这让她感到很沮丧。于是她放弃了——离她的目标还差 34 公里。由于她不愿意从小圈开始，一下子就做得太多，结果失败了。

她对此感觉很不好。

然而，当具体到工作时，我们也常常面临着不理性的期望，包括我们对自己的期望和别人对我们的期望。但是当目标不可实现时，我们就像这个达不到目标的马拉松选手一样变得沮丧、泄气和手足无措。在今天过度注重结果的工作场所里，我们变得没有耐心，却变得过于有野心，这一点儿也不奇怪。我们想成为一流的推销员，想拿最高奖金，想拥有最大的办公室，并且现在就想要。如果我们聘用了一位新的 CEO，我们期待下一季度就实现盈利；如果我们聘请了一个新的主教练，我们期待下一场就能赢。我们总认为，如果改变不是立竿见影和巨大的，就不值得去改变。电视文化教我们相信，在 30 分钟内（除去广告时间）对房屋、身体和心灵进行彻底的大整修是可能的。但是在现实世界里，这种要么全、要么无的心态几乎总是会导致失败。而且，尝试未果的沮丧和过大的压力会劫持我们的大脑，启动那个潜伏的无助引擎，使得我们的目标更难以实现。

不管你曾听过哪些激动人心的演讲、训练及类似的形式，伸手就想够着星星注定要失败。在第一部分我曾讨论过把可能性的界线向外推的问题。我的确相信这么做很重要，但不会一蹴而就。这就是为什么目标设立理论方面的心理专家提倡设立中等难度的目标。目标不能太容易，让人唾手可得；但也不能太困难，让我们感到沮丧并放弃。当面临的挑战特别困难，回报太遥远时，设立较小的、更可控的目标能帮我们树立信心，并随时发现和庆祝我们的进步，使我们更专注于手头的任务。正如哈佛商学院教授彼得·布雷格曼（Peter Bregman）建议的那样："不要写一本书，而是写一页……不要在前 6 个月就期待成为一位优秀的经理人，只是去试着设立期望吧。"

不管最初的圈有多小，它都能带来大的回报。运用佐罗的圈可以把小的变化转变成重大的结果。

积极优势挖掘 案例

在《一万小时天才理论》[①]一书中，丹尼尔·科伊尔讨论了"发现并改进小问题"的策略是如何帮助企业发展的。这种做法指的是专注于小的、渐进的变化，比如通过把垃圾箱向左移动0.3米以改进生产线的效率。正如科伊尔指出的那样，每一个微小的修正加起来能带来每年100多万次的改进。

现在就画你的第一个圈

我曾与一家广告公司的首席文案一起工作过，她发现要让自己不担心公司的财务状况很难——启动了多少客户服务，艺术部门进行了什么设计，她的老板是否开始裁员。而一旦她认识到所有这些事情都不在她的控制内，认识到担心这些事只能加剧她的压力，她就又把注意力转向工作、办公室以及生活中困扰她的许多方面。

我让她列出两个表——她能控制的和她不能控制的。如通常会发生的那样，她震惊地发现她日常生活中的许多事情都被归入了第一个表（"能控制的"）。她管理着一个由8个人组成的团队，他们都是有才华的撰稿人，都诚恳地向她寻求指示和指导。她负责领导创新会议，在会上用头脑风暴法为每位客户量身打造新观念。她或许不是顶级主管，但公司投放的客户广告上的每个词都要经过她的手。

因此对于她的第一个圈，我们设立了下面的目标：只改进她自己写的东西。重新让自己投入这一可掌控的目标不仅帮她把精力集中于她能处理的事情。而且最棒的是，一旦她自己的绩效改善了，她的影响圈子也真的扩大了。

---

① 该书提出的"一万小时法则"成就天才的观点影响了无数人，想了解更多内容，欢迎阅读由湛庐策划、浙江人民出版社出版的《一万小时天才理论》。——编者注

她的写作越好，她的团队越是努力以她为榜样，团队的高绩效很快成了其他部门的模范，其他部门也相应地焕发出了热情与创造力。具有讽刺意味的是，她原来以为无法控制艺术部门的设计，实际上她一直在间接影响他们的设计。这给了她信心把眼界放得更高。很快，她的领导才能对公司的整个绩效都产生了巨大的贡献。

当我们盯着排得满满的日程表、塞满未处理文件的收件箱或桌面时，我们经常会感到压力巨大，或者情绪被绑架了。看着像小山一样摞起来的文件高耸于办公桌上，或者有 300 封未读邮件时，我们的控制感就会飞到九霄云外。作为大一新生辅导员，我曾向许多秩序混乱的学生提过建议，他们中从典型的不整洁到病态的混乱都有。在我工作的第二年，消防部门向我报告了一位学生的情况，他的名字叫乔伊，是一位网球选手，他的房间里堆满了比萨盒子、空瓶子、散乱的报纸和摇摇欲坠的课本。消防安全员担心万一发生紧急情况，乔伊可能很难逃离他的房间（更不要提去上课了）。

有些混乱可能被认为是有序的混乱，因而得到欣赏，但乔伊的混乱已经到了有害的地步。一方面，他想让生活有秩序；另一方面，仅仅想到要处理这一规模空前的灾难现场，就会让他崩溃。因此我们真的画了一个圈。我发现了一张小桌子，上面有一摞纸，于是我们绕着桌子画了一个直径 0.3 米的圈。"让我们把这张桌子收拾干净，"我告诉乔伊，"把每份文件都放在合适的位置上。"然后，我告诉他，第二天的任务是保证这块新的整洁区不受混乱的威胁，而没有马上让他收拾其他的地方。按照乔伊通常的习惯，这甚至都是一项困难的任务（第二天他承认确实如此），但他设法做到了。一旦他做到了这一点，他的干劲就更足了一些。因此接下来我们选择了桌子的另一个角落，并应用了相同的规则。后来的每一天都伴随着一个清除凌乱的圆圈，根本不用提什么增强控制感和加大对这一任务的投入。只用了两周，这个房间已变得一尘不染了。通过建立成功的小圈，然后逐渐向外扩展，乔伊掌控了他生活中更大的圈。他很高兴，消防部门也很高兴。

一张凌乱的桌子本质上与一个杂乱的收件箱没什么区别，这是困扰太多员工的一个问题。在这两种情况下，生活中的事物都控制了我们生活的功能，结果效率就降低了。我曾为一家大型生产企业的员工做过一次报告，报告结束后，他们的一位高级主管巴里邀请我去他的办公室。我们甚至还没进他办公室的门，他就开始为他房间的凌乱向我道歉，他的办公室看上去就像被一个 4 岁的孩子刚刚扫荡过。但是在巴里的脑海里有一个更大的问题：他的电子邮件。他承认他的收件箱里有 400 多封邮件，这是在过去两个月里由于他一直忙于一个项目而积累起来的。现在项目完工了，他知道他必须开始处理这些信了，但仅仅想到这件事就让他感到恐惧。当他在电脑屏幕上翻阅所有未读来信时，我越过他的肩膀研究了一下这个问题。3 分钟后，他还没翻完 25% 的信息。"我永远也不会从这座大山下挖出东西来，"他说，"我宁愿我的电脑染上病毒，把整个计算机都毁掉。"他的压力水平在那一刻是如此之高，以至于每一封新邮件都向他的身体输送进一种本能的压力反应。他不仅想离电子邮件远远的，而且已经被这种情况压得喘不过气来，根本不想做任何工作了。

我答应帮助他。首先，我告诉他，他需要消除越来越严重的焦虑感。这个收件箱不是剑齿虎。它只是一个亟待解决的问题，需要通过计划和有意识的努力，而不是肾上腺素激发的恐慌来解决。我能看出他需要找人谈谈这个问题，把他的感受说出来，这样能够把困难从他大脑的情绪部分转移到解决问题部分。我提醒他，自我意识对于情绪绑架是一剂速效良药，我建议他在眼前放一个笔记本，每当他感到压力上升时就草草记下他的想法。然后我们画出了他的第一个圈。

处理两个月的未读邮件不是一个人能马上做到的，而巴里需要马上看到一些进展。于是我告诉他忘掉那些今天以前收到的邮件，只回复每一封新邮件。处理新邮件三四天后，一旦他开始感到对情况有所掌控，就可以翻看前一天的邮件并处理它们。就这样，一次多处理一天的邮件，直到慢慢地清理完毕。我也告诉他，他一天花在这一任务上的时间不能超过一小时。如果没有时间限制，即使微小的、渐进的任务也会很快升级为不可承受的挑战，看不到尽头。

三周后，我收到了巴里的一封邮件。他骄傲地告诉我，如果我立刻给他回复的话，我的邮件将是他收件箱里仅有的 5 封邮件之一。我感到很惊讶。而且，他还附了一张他一尘不染的办公室照片，与我第一次碰到的扫荡场面相比，简直认不出来了。我给他回邮件说，假如他没有从欧迪办公公司的广告中粘贴图片的话，我要恭喜他的整洁有序。他从小的、可掌控的步骤开始前进，现在可以庆贺大的成功了。

作为土生土长的美国西南部人，佐罗从来没有去过纽约和犯罪分子做斗争。但是在某种程度上，使佐罗成为英雄的法宝也使纽约成为一个更安全的城市。在《引爆点》一书中，马尔科姆·格拉德威尔（Malcolm Gladwell）描述了20 世纪八九十年代纽约官员如何与日益上升的犯罪率做斗争的故事。当时犯罪成为日益严重的问题，没有人知道怎样去治理，不管城市投入多少金钱，不管警察做什么，似乎都不能压制这一危险的趋势。最后，一小组官员采取了一种激进的新策略（基于著名的"破窗理论"），让大家大吃一惊。破窗理论是由心理学家詹姆斯·威尔逊（James Q. Wilson）和乔治·凯琳（George Kelling）于 1982 年首次提出的，它解释了小的破坏行为如何快速膨胀成为大规模犯罪。该理论认为，在一座废弃的大厦里，一块碎窗户很快就会导致更多的碎窗户，还会引起胡写乱画，然后是抢劫，接着是汽车被盗，等等。

因此，这些市政官员决定试试这一理论反过来是否也能生效。他们从地铁开始，修理窗户和清洗胡写乱画。正如格拉德威尔解释的那样，"那时许多建议者告诉他们不要担心涂鸦，而要把注意力放在更大的犯罪问题和地铁的可靠性上，这个建议听起来似乎合理。当整个系统接近崩溃时去担心涂鸦，就像泰坦尼克号撞向冰山时还在擦甲板一样没什么意义"。

"小小的成功能够累积成巨大的成就。我们要做的一切就是在沙子上画出第一个圈。"

虽然存在这些质疑声，但市政官员还是坚持他们的计划，努力逐步扩大战果，使清理区域覆盖越来越多的地铁线，直到城市的所有地铁都被清理干净。随着他们的圈扩大，成果也开始扩大。不久，各种地铁犯罪，从打架斗殴到武装抢劫，都迅速减少了。后来他们把圈扩展到大范围清洁城市里的胡写乱画，令人惊奇的是，他们很快看到，犯罪率在全市范围内下降了。

法则 6：

用 "关键 20 秒"
培养好习惯

　　为我们想养成的习惯减少启动能量，为我们想回避的习惯增加启动能量，就能开始积极的变化。

　　每日的 "关键 20 秒" 可以将坏习惯从阻力最小的路上移开，将最想要的行为和结果置于阻力最小的路上。

在我刚开始在华尔街做培训时，有一次，一位看上去极不耐烦的男士从房间后面站出来，在他的众多分析师同事前对我大声说道："肖恩，我知道你来自哈佛，很了不起，但你讲的这些东西难道不是对时间的极大浪费吗？积极心理学不就是常识吗？"

我感到自己的心在下沉。我那时从事咨询业时间还不够长，不知道公开遭遇挑战在这一行简直是家常便饭。但我还是尽我所能，尽力正面答复了这一严厉的提问者。我开始告诉他，积极心理学的观念来自许多令人敬重的思想之源，包括古希腊哲学家、现代的作家和思想家。我继续说，而且，这些法则和理论已经经过了实证检验，科学证明它们是正确的。虽然积极心理学信奉的一些观念可能是常识，但科学的支撑使它们具有独特的价值。不过，很明显这个家伙并不买账。他带着沾沾自喜的表情坐回去，我接着讲下一个问题，努力接受"你不可能赢得所有人的心"这一令我心碎的事实。

直到这次报告后，我与几位分析师共进午餐时，这次冲突的重要意义才显现出来。"你还记得在你做报告时站起来的那个家伙吗？"他们中的一人问我。我说我对此印象深刻。另一位分析师靠近我说："那个家伙是这儿最不快乐的人。似乎每时每刻都有乌云笼罩在他的头上。我们不能把他放在任何团队中，因为他会危及团队。"

这对我而言是一个转折点。这个人不接受我刚刚所讲的大部分内容，因为他认为我讲的东西很明显，甚至无须讨论。然而显然它还不够明显，因为我意识到在他身上活生生地体现了人类行为的最大悖论之一。

如果我告诉你香烟不是维生素 C 的好来源，　　**"常识不等于日常**
或者连续看几个小时的电视真人秀不会显著提　　**的行动。"**
高你的智商，你会感到惊讶吗？也许不会。同
样，我们都知道应该锻炼身体、每天睡 8 个小时、吃更健康的食物、对他人表示友好，但是这些常识让做这些事情更容易了吗？

当然没有。因为在生活中，知识仅仅是战斗的一部分。没有行动，知识通常是没有意义的。正如亚里士多德所说，要成为优秀的人，我们不能只有优秀的想法或者优秀的感觉，我们必须优秀地行动才行。然而，让人们将所知变成所做常常是最困难的。这就是为什么即使医生比其他任何人都更知道锻炼和节食的重要性，但仍有 44% 的医生超重。这也是很多企业领袖常常很邋遢，甚至一些积极心理学家总是不快乐的原因。我曾与许多企业界人士一起工作过，他们抱怨说每周一他们都会下同样的决心，要停止拖延或者要戒烟，要及时回复邮件或更多地与孩子相处，但每周五他们都发现：这一周怎么又过去了，到底是什么阻碍了他们的行动？

事实是，积极的习惯很难保持，不管它们多么富于常识性。像大部分人一样，我也在每年的 1 月 1 日开始做同样的战斗，而到了 1 月 10 日，我又回到了原地。《纽约时报》曾报道，实际上多达 80% 的人都未履行新年的决心。即使我们准备致力于积极的变化，要保持一段时间似乎也不太可能。更常见的是，我们的承诺得不到履行——今天的跑步机变成了明天的晾衣架。如果我们的大脑有能力去改变，那为什么改变行为如此困难呢？我们如何能使改变更容易些呢？

我们是习惯的集合

在哈佛的实验室做研究工作的那些年里，我每天上班都要乘坐威廉·詹姆斯大楼的电梯。这座 15 层的大楼几十年来一直是哈佛大学心理系的家园，在这里涌现出许多有趣的实验，从斯金纳和他著名的箱子，到狂躁的黑猩猩，再到基因被精心设计过的老鼠。不过，以这座大楼的名义发现的研究成果可能是它最骄傲的遗产。

威廉·詹姆斯凭借自己在心理学领域的开创性工作在历史上占有一席之地。詹姆斯出生于 19 世纪后半叶，他运用自己在医学、哲学和心理学方面的知识，终其一生研究人类的思维。他于 1875 年在哈佛首开实验心理学课程，1890 年出版了《心理学原理》一书，这本 1 200 页的心理学指南成为现代心理学教科书的先驱。正如我每年都对学生讲的，在你大声抱怨这周的阅读作业前，请想一想那些上詹姆斯课的可怜的本科生。

不过在我看来，詹姆斯对心理学最伟大的贡献比他所处的时代超前了一个世纪。他说，人类从生物学角度上看，很容易受习惯的支配，这是因为我们都"只是习惯的集合"，这样我们才能自动执行许多日常活动——早上起床第一件事是刷牙，晚上睡觉前最后一件事是设闹钟。

这是确切无疑的，因为习惯是如此自动化，以至于我们几乎没有停下来思考过它们在塑造我们的行为和生活方面所起的重要作用。毕竟，如果我们必须对一天中所有小事都进行有意识地选择的话，那我们可能到吃早饭时就已不堪其扰了。以今天早晨为例，我猜你不会起床后走进洗手间，好奇地看着镜子里的自己，自言自语道："我今天应该穿衣服吗？"你不必为这个问题进行辩论，也不必调动你的意志力。你只要去做就行了，用同样的方式梳头、喝咖啡、锁门，等等。除了暴露狂外，你不必整天提醒自己把衣服穿上。这不是一场战斗，不会消耗你储存的能量或脑力。这只是人的第二本性，一种自动的习惯。

这些对今天的我们来说似乎没什么新奇的。但是詹姆斯的结论对我们理解行为的变化确实很关键。根据詹姆斯推测,由于我们有按习惯行动的自然倾向,那么要保持积极变化的关键不就是把每一个想要达成的行动都转变成习惯吗?这样它就会自动地实现,而无须太多努力、思考或者选择了。正如这位现代心理学之父建议的那样,如果我们想要产生持久的变化,就应该"使神经系统成为我们的同盟而非敌人"。

当然,这与谚语"说起来容易做起来难"很相似。好的习惯也许是我们需要的答案,但怎么养成这些好习惯呢?詹姆斯对此颇有良方——他称为"日常努力"(daily strokes of effort)。这并不是一种新发现,从根本上讲这是对古老格言"熟能生巧"的重新加工。不过他仍然点出了一些更复杂的东西。他认为,习惯之所以形成,是因为大脑为了回应频繁的练习而发生了改变。

> "习惯就像财务资本,今天形成的习惯就是一笔投资,它将在未来若干年内自动地产生回报。"

实际上,詹姆斯持有的这一观点完全正确,不过直到 100 年后神经科学家才解释了其中真正的原因。还记得大脑的结构和通路是灵活而富有弹性的吗?实验证明,当我们在一天里学习新东西、完成新任务、展开新谈话时,大脑会不断地改变并重新建立联结来反映这些经验。由于神经科学细致入微的研究,我们现在知道在这个"坚果外壳"下发生着什么。大脑内有无数的神经元,这些神经元互相联结在一起,形成一套复杂的神经通路。电流从这些通路流过,在一个神经元到另一个神经元间传递着信息。这些信息构成了我们的每一个思想和行动。我们从事一项特定活动越多,在相应的神经元之间就会形成越多的联结。这种联结越牢固,信息沿着通路流动得就越快。这样这种行动就成了第二天性或自发行为。

这也是我们如何通过练习变得熟练的过程。例如,当你第一次试着玩杂耍时，没有相关的神经通路可供使用，因此信息流动缓慢。你花越多的时间练习杂耍，这些通路就越能得到强化，因此在练习的第八天，电流就能以比较快的速度流动。这时你会注意到杂耍变得容易了，需要更少的注意力，还能很快地做到。最终，你能够一边听音乐、嚼口香糖、与别人聊天，一边把三个橙子同时抛在空中。玩杂耍变成了自动的行为，变成了一种习惯，已经通过一种新的、牢固的神经通路在你的大脑里巩固下来。

鉴于詹姆斯在很久前就持有这么多正确的观念，所以我们应该原谅他搞错的一件事。像那个时代的大部分科学家一样，他相信只有年轻人能产生持久的大脑改变。本质上讲，这属于"你不可能教会一只老狗新把戏"的思想。幸亏这不是事实。回顾本书前面提到的内容，科学家们现在知道，在20岁之后大脑仍富有弹性和可塑性，甚至到年老的时候也是如此。这意味着我们有力量生成新的习惯并收获其中的好处，不管是22岁还是72岁。

当我第一次了解到这种现象背后的科学原理时，我急切地想检验一下它。一周内每天做同一件事，我就能真正重新联结大脑，养成一种新的生活习惯吗？到该做一次实验的时候了，而做这个实验最容易的方法是让我自己成为实验对象。

我决定重新开始弹吉他，既然我已经拥有一把吉他，而且知道自己喜欢弹。常言说，养成一个习惯需要21天的时间，因此我决定制作一个带21栏的表格，把它贴在墙上，我弹一天吉他就在上面画一个勾。我对3周结束时达成以下4点目标感到很有信心。

1. 我有一个画满21个勾的表格。
2. 每天弹吉他已成为我生活中自发的、固定的一部分。
3. 我的吉他弹奏技术提高了。
4. 我会更快乐。

3 周后，我带着厌恶的心情把表格撕了下来。我盯着表上的 4 个勾和接下来的整片空格子，更多地感到了失望和尴尬。我的实验失败了，我离音乐家的目标没有近一丁点儿。更糟的是，我为自己这么快就放弃而感到震惊和沮丧。一个积极心理学家本应更好地遵循他自己的建议的！现在吉他就放在壁橱里，离我只有 20 秒的步行距离，我却不能把它取出来并弹一曲。到底出了什么问题？结果证明这些冠冕堂皇的言语不过是自欺欺人。我一直没有意识到，我在进行一场错误的战斗，一场我注定要失败的战斗，除非我改变策略。

沙哈尔喜欢讲一个被他称为"巧克力蛋糕"的故事。在他的家乡以色列，他妈妈因能做出美味的巧克力蛋糕而闻名。一天下午，当沙哈尔和他的朋友们从学校回到家时，他妈妈从烤箱里拿出一块巧克力蛋糕，给每个人分了一片。沙哈尔没有吃，因为他要参加全国壁球锦标赛，必须遵守严格的饮食起居制度。因此当他的朋友们大块朵颐时，他只是坐在那里眼巴巴地看着。那天半夜，当其他人都在熟睡时，沙哈尔悄悄地走进厨房，大口吃掉了剩下的蛋糕。一口都没剩。

任何曾经试图执行严格节食的人都经历过这种意志力考验的失败。我们一再地限制自己，直到忽然有一刻我们再也承受不住了，闸门被冲开。在成功地吃了 5 天胡萝卜和豆腐之后，接着就去吃一顿比萨饼大餐或者吃一顿够 5 个人吃的盛宴。正如每一位节食者会告诉你的那样，完全依靠意志力来抵制不健康食物几乎总会故态复萌，这就是那些节食失败的人比那些吃得健康但不限制自己的人更可能增加体重的原因，以及为什么只有 20% 的节食者能在一段时间内保持节食后的体重的原因。我们越是努力地克制，最终就越难做到。

关键是，不管是严格的节食、新年决心还是努力每天练习弹吉他，我们不能保持改变的原因都在于过度依靠意志力。总相信自己仅凭意志的力量就能在短时间内改变或者颠覆生活习惯。沙哈尔以为，只要告诉自己正在节食就足以使他远离妈妈的巧克力蛋糕。我以为，只要告诉自己遵守一些表格就足以约束我去练习吉他。嗯，这的确起了作用，不过只有 4 天。然后我又回到了老路上。

改变为什么那么难

意志力对保持改变基本无效的原因是，我们运用意志力越多，意志力就消耗得越厉害。也许你凭直觉就知道这一点，但著名的研究者罗伊·鲍迈斯特（Roy Baumeister）用了几百块巧克力曲奇饼，招募了许多实验对象，才证明这确实是事实。

在关于意志力的众多研究中，鲍迈斯特及其同事请大学生来到他们的实验室，告诉他们在实验前至少 3 个小时不要吃东西。然后把他们分为三组。第一组人分到了一盘巧克力曲奇饼，并告诉他们不要吃，同时又给了他们一盘萝卜，告诉他们可以随便吃；第二组分到了同样的一盘曲奇饼和一盘萝卜，但告诉他们喜欢什么就吃什么；第三组人没有分到食物。在这种条件下，过了相当长一段时间后，分给他们一系列"简单"的地理题目去解决。注意这里强调的是"简单"。实际上，这是心理学实验喜欢用的另外一个工具：没法解决的题目。

正如我在"帮助老人"的实验中吃尽苦头后了解到真相一样，心理学研究者喜欢运用不可能完成的任务来观察参与者能坚持多久。在这种情况下，第二组和第三组坚持的时间都比第一组长，第一组人很快就举双手宣告失败了。为什么？因为那些之前运用了全部意志力抵御巧克力曲奇饼的学生已经没有剩余的意志力或心理能量与复杂的题目作战了，即使抵制巧克力曲奇饼和坚持解难题似乎完全没有关系。

其他一些研究也设计了许多不同的任务来考验意志力，最后的研究结果都差不多。在一项研究中，研究者要求人们观看一部幽默电影，同时控制自己不能笑，然后再完成一个困难的字谜游戏。在另一项研究中，研究者要求人们写下超重者一天的生活，但不能运用任何老套的描述，然后让他们抑制一个特定的想法，如"不要去想一头白熊"。不管任务是什么，他们第二项任务完成得总是比第一项任务差。如果他们能坚持 10 分钟不笑，那么在字谜游戏上就坚持不了；如果他们抑制了老套的描述，那么他们就禁不住要想一头白熊，诸如此类。

这些实验的关键是要表明，不管这些任务之间多么不相关，它们似乎都在利用同样的资源。正如研究者所写："许多不同形式的自我控制汲取的是同样的资源或自我控制力量，这种资源非常有限，所以很容易耗尽。"换种说法，即我们运用意志力越多，意志力就削弱得越多。

积极优势挖掘
指南
我们运用的意志力越多，意志力就削弱得越多。许多不同形式的自我控制汲取的是同样的资源或自我控制力量，这种资源非常有限，所以很容易耗尽。

不幸的是，我们每天都面临着许多消耗意志力的任务。不管任务是抵御公司午餐桌上的沙拉、长时间专心处理一张计算机表格还是坚持开完 3 个小时的会议，我们的意志力总是在接受考验。因此，我们在生活中很容易屈服于旧习惯，屈服于最容易和最舒服的路径，这真的一点儿也不奇怪。这股力量把我们拉向阻力最小的路径，它对我们生活的支配比我们意识到的要多，对变化和积极成长形成了无形的阻碍。

当凯西周二坐在桌子前时，她开始想象即将到来的周六和那天所有可能做的事情。她想骑自行车、在当地的公园里参加一场临时组织的足球比赛、到博物馆参观画展，她甚至想一头埋进她早就想读的那堆书里。像所有人一样，凯西有许多业余爱好和活动，它们吸引她的兴趣和精力，使她的日子充满了活力，并使她感到快乐。不过，当自由的周六真正到来时，她都做了些什么呢？很明显，她没有去骑自行车或者去足球场，当然也没有去参观画展，虽然只有 20 分钟的路程！电视遥控器伸手就能够到，而电视台正好在播放真人秀节目。4 个小时后，凯西深陷在沙发里，带着无精打采的失望感。她本来对这个下午有更好的计划，可是现在她怀疑这些计划出了问题。

凯西身上发生的事也是所有人时常会遇到的。不活动是最容易的选择。不过，我们并不像自己认为的那样喜欢它。美国人觉得享受闲暇比享受工作更难，这听起来有点偏激，但仔细想想：大部分工作都需要发挥我们的能力，积极思维，追求目标，这些都有助于积极情绪。当然，休闲活动也能做到这些，但它们并不会对我们提要求，因为没有"休闲老板"在周日早上靠过来告诉我们，"你最好早上 9 点准时到达艺术博物馆"。我们常常发现要积聚精力开始休闲活动是很困难的，于是走上了阻力最小的路，这条路总是让我们陷入沙发里看电视。由于我们只是"习惯的集合"，因此我们越经常地屈服于这条路，改变就变得越困难。

虽然这类"被动休闲"活动，比如看电视和上社交网站，比骑自行车、看画展或踢足球更容易、更方便，但这些活动并不能带来同样的回报。研究表明，我们对这些活动只能欣赏和投入 30 分钟，然后它们就开始消耗我们的精力，产生心理学家所谓的"精神熵"（psychic entropy），即凯西经历的那种无精打采、缺乏兴致的感觉。

另外，"主动休闲"活动，比如业余爱好、游戏和运动能增加我们的注意力、投入感、动机和愉悦感。

研究表明，美国青少年在从事一项业余爱好时体验到的那种振奋的愉悦感是看电视时的 2.5 倍，一项体育活动产生的愉悦感是看电视时的 3 倍。然而悖论正在这里：同样是这些青少年，他们在看电视上花的时间是从事体育活动或者业余爱好的 4 倍。这是怎么回事呢？心理学家希斯赞特米哈伊的话更有力量："为什么我们愿意多花 4 倍的时间来做一些事情，但结果却让我们感觉良好的概率连一半都达不到呢？"

答案是我们被强有力地、磁铁般地吸引到那些容易的、方便的、已形成习惯的事情上，要克服这一惰性尤其困难。主动休闲更令人愉悦，但它几乎总是需要更多的起始努力才行——把自行车推出车棚、开车到博物馆、调吉他，等等。希斯赞特米哈伊称之为"启动能量"。在物理学上，启动能量是激发一项反应需要的最初火花。要开始一个积极的习惯，人们需要同样的能量来克服惰性，不管是物理的还是心理的。否则，人类的本性就会一次又一次地把我们带到阻力最小的路上。

积极优势挖掘指南

"启动能量"在物理学上是指激发一项反应需要的最初火花。人们需要同样的能量来克服惰性，不管是物理的还是心理的，才能开始一个积极的习惯。主动休闲更令人愉悦，但它需要更多的起始努力才行。然而，如果不这样，人类的本性就会一次又一次地把我们带到阻力最小的路上。

你或许可以想象得到，广告商和营销商正是通过阻力最小的路来赚钱的。你曾经买过让你回寄资料后可以部分退款的东西吗？你真的回寄过退款程序所要求的资料吗？我想没有。这就是商家会提供这种"优惠"的原因。这也是杂志会让我们免费订阅五周，然后从第六周开始自动从我们的账户上扣钱的原因。当然，我们可以拒绝这一优惠，只要把那张小卡片寄回去，上面写上："不，谢谢你们，我想取消订阅。"但是，这需要太多的启动能量，对杂志而言这一小小的招数奏效了。

在营销领域，表达这一思想的术语是"自愿退出"（opt-out）。这真是一个天才的发明，它极好地利用了人类的心理。自愿退出营销是指当人们在没有意识到已同意加入邮寄列表时，如果他们不想再接受接二连三的促销邮件，就必须主动地取消订阅。取消订阅需要在邮件的最下面发现最小的那个链接，然后点击一个或两个网页，最后到达想去的目的地。商家估计，这一过程牵涉的精力和努力比大部分人愿意付出的要多，而通常这一估计都是正确的。

马丁·林斯特龙（Martin Lindstrom）[①] 是一位营销专家，他运用神经科学来探索我们的消费心理与习惯。他指出，电话公司是这一策略的特殊实施者。虽然几乎总是有比现在使用的套餐服务更好的月套餐推出，但我们通常都会继续保持默认状态，因为要调查套餐的优劣太困难，而转变计划就更困难了。林斯特龙所做的一项有趣的实验与著名的诺基亚手机铃声有关，这种铃声或许是世界上最普遍的四音符音乐，它揭示了阻力最小的路对我们的强大影响力。林斯特龙利用功能磁共振成像技术分析人们在听这种铃声时的大脑，结果发现人们普遍会产生消极的情绪反应。然而令人惊讶的是，8 000 万手机用户都把它作为自己的手机铃声。既然每次接电话时这种铃声都会让耳朵不舒服，而且让人们情绪不佳，可为什么人们还愿意保留这种铃声呢？因为这是默认选择。不管我们是否意识到，默认选择到处都存在，在生活的所有领域塑造了我们的选择和行为。

在食品杂货店里，我们更多地购买那些直接映入眼帘的食物，而较少购买那些需要抬头或者蹲下去寻找的食物。每一个零售商都了解这一点，因此可以确定，他们会把最贵的品牌放在与眼睛平行的地方。网络广告商用精密的眼球追踪仪器进行市场调研，开发出网页上放广告最完美的地方，这个地方是我们无须花费任何额外精力就能看到的。在服装店里，衣服的摆放也充分利用了我

[①] 林斯特龙的营销著作《买》，从前沿科学的成果中汲取营销成功的秘密，值得所有营销人一读。该书于 2009 年 1 月由湛庐策划、浙江人民出版社出版。——编者注

们易受默认选择影响的特点。正如林斯特龙指出的，我们触摸一件衣服的质地就像做了一个"感觉测试"，我们会更可能购买这件衣服，因此最昂贵的衣服总是放在这个完美的高度来提供这种体验。下一次当你走进一家服装店时，你可以试验一下。当你的双手碰到两侧时，两边的衣服都正好碰到你的指尖，像在乞求你的触摸似的。

在工作中，阻力最小的路会导致适应不良，引诱我们形成一些坏习惯，这滋生了拖延问题，并降低了效率。我在自己的职业生涯中经常遇到这个问题，现在我必须飞到中国香港，因为这种情况的诱惑力已经击中了要害。

积极优势挖掘
指南　　　　在工作中，阻力最小的路会导致适应不良，引诱我们形成一些坏习惯，这滋生了拖延问题，并降低了效率。

这是我为中国香港一家大型科技公司做培训的第二天，泰德是该公司营销团队的经理人之一，正在为完不成工作任务而抓狂。不管干了多少活儿，他总是感到落后，必须不停地延长工作时间才能完成所有工作。"我现在除了工作什么也不做，"泰德承认，"而时间仍然不够。"

我告诉他，像他这种情况很常见。不管我在哪个国家或者与什么人交谈，我都听过同样的话，几乎一字不差。

不管干什么工作，我们似乎从来没有足够的时间把一切做完。8 小时的工作日变成了 12 小时、14 小时，但我们仍然感到落后。这怎么可能呢？为什么我们想变得有效率就这么困难呢？在听完泰德描述了他一天从早到晚是如何度过的之后，有两个重要的答案显现了出来：

1. 泰德总是在工作。

2. 泰德几乎从来不工作。

泰德早上 7 点到达办公室后，他做的第一件事就是打开网络浏览器。他的主页是 CNN，于是他开始阅读这一天的重要新闻。他的目的是浏览重要的新闻概要，然后再做其他事情，但最终他不可避免地点击了其他吸引眼球的链接。然后，他毫不犹豫地打开了两个不同的网址，在网站上查看他的股票和投资情况，了解它们在一夜之间的涨幅情况。

接下来，他开始查看电子邮件，而邮箱整天都会保持打开的状态，每次收到新邮件，邮箱都会发出提醒。一旦他浏览收件箱，就会点击更多的链接和附件。现在他准备开始工作了。一般而言，泰德在喝咖啡休息之前能真正工作的时间大约是 30 分钟。然后他坐回到电脑前，不禁注意到他的主页上有一组新的新闻概要需要浏览。这是什么？10 封新邮件？他最好读一下。然后他又查看了他的股票，确定金融大战没有爆发。最终，泰德重新集中注意力，开始了日常工作，写一份新的营销计划……这只持续了大约 10 分钟，这时新邮件来了，再次干扰了他的注意力。

这听起来很熟悉吗？经过大致计算，我们发现，泰德可能在 1 小时内查看 3 次股票、5 次电子邮件，浏览 1 次新闻网页。这种情况实际上非常典型。美国管理协会（American Management Association）报告说，员工平均每天花在电子邮件上的时间是 107 分钟。在与伦敦一家公司的员工的交谈中，他们承认，1 小时内他们会查看股票四五次，即一天 35 次。难怪要把工作都做完是如此困难！

这甚至还不是事情最糟糕的部分。我们实际花在分神的东西上的时间只是问题的一部分，更大的问题是每次我们分神后，会很难再集中注意力。研究表明，员工平均每工作 11 分钟就会被打扰一次，每一次都伴随着注意力的丧失，而要返回到工作中几乎需要同样多的时间。在今天的社会里，我们太容易被诱惑了。正如《纽约时报》一篇文章指出的那样："在过去，分神常常指削半打铅笔或者抽一支烟。但今天，我们面临着五花八门的干扰源，这使得专注于一项任务更困难了。"

当我和泰德一起想办法来解决分神的问题时，我忽然顿悟：使我们陷入麻烦的并不完全是分神的数量，而是我们太容易分神了。想一想，如果你想查看股票，你必须坐在那里看着股票报价滚动吗？当然不用。你可以在一个网站上为你感兴趣的事物设置更新提醒，这样它会为你定期提供更新。

如果你想读最新的政治新闻或者最热门电影的一些评论，你必须浏览许多网站和博客才能找到想要的文章吗？绝对不用。你可以设置RSS[①] 提供你喜欢的博客主题，并通过它把文章发送到你的收件箱。类似地，你可以获取所有你喜欢的体育新闻、名人绯闻、饭店评论及其他一切发送给你的信息。科技或许使我们更容易节省时间，但同时也使我们更容易浪费时间。

> "分神，只是一个点击而已，它已经变成了阻力最小的路。"

用"关键 20 秒"改变工作与生活

由于被阻力最小的路席卷，泰德陷入了一系列坏习惯中，其中包括拖延。这让我不禁思考：干扰泰德效率的心理机制是否也同样可以解释我为什么不能坚持弹吉他的训练。是阻力最小的路让我游离于正确道路之外了吗？我回顾了最初的那个实验：我把吉他塞进了壁橱里，既看不见，也触摸不到。当然，距离并不算很远，只是从卧室走到壁橱取出吉他这 20 秒钟的额外努力成了我弹吉他的主要阻碍。我曾努力用意志力来克服这一障碍，但只坚持了 4 天，我的

---

① Really Simple Syndication 的缩写，是一家负责提供订阅信息的网站。——编者注

能量就完全耗尽了。如果我不靠自我控制，至少在一段时期内养不成任何习惯。现在我想：如果我消除了启动能量所需的 20 秒会如何呢？

很明显，到了再实验一次的时候了。我从壁橱里取出吉他，花 2 美元买了一个吉他架子，把它放在我卧室的正中间。现在不再有 20 秒的距离，吉他伸手就能够到。除此之外，其他并没有改变。三周后，我自豪地看着画满 21 个勾的习惯表格。

从本质上讲，我所做的就是把想要达成的行为置于阻力最小的路上，让取吉他和弹吉他所花费的精力和努力比回避它更少。我喜欢把它称为 "20 秒规则"，因为仅仅通过 20 秒就清理了改变之路的障碍，而这是帮我养成一个新的生活习惯所要做的全部事情。实际上，做出改变所需的时间通常超过 20秒，有时还用不上 20 秒，但是这一策略本身是普遍适用的。为你想养成的习惯减少启动能量，为你想回避的习惯增加启动能量。

"我们想养成的习惯所需的启动能量减少得越多，就越能开始积极的变化。"

这不是一个新观念，但的确是一个好观念。还记得荷马的《奥德赛》中的一个情节吗？当奥德修斯带领他的船队通过危险的女妖塞壬所在的海岛时，那些唱着诱惑歌曲的美女能引诱所有男人走向死亡。奥德修斯知道他没有力量抵抗这些歌声的诱惑，因此他让船员把他捆绑在桅杆上，以确保他们能安全驶过。因为他知道意志力对他不起作用，所以他在自己和诱惑中间设置了足够多的启动能量。

2000 多年后，电影《一个购物狂的自白》(*Confessions of a Shopaholic*) 中的主人公把她的信用卡冻在冰块里，这样就从客观上阻止了她的冲动购物。听起来可笑，但花 10 分钟凿开隔在她和信用卡之间的冰块并烘干信用卡足以拖住她这个麻烦的习惯。这也许有点夸张，但实际上财务顾问的确建议那些不能抵制促销诱惑的人把他们的信用卡放在家中的抽屉里，或一个完全够不着的地方。

幸运的是，购物不是我的最大弱点之一，但看太多电视曾一度是。谷歌搜索数据显示，平均每个美国人每天要看 5 ～ 7 个小时电视。曾有一段时间，我每天看大约 3 个小时电视，当然这降低了我的效率，减少了我与现实生活中朋友们相处的时间。我很想少看点儿电视，但每次下班回家，我都感到很累，坐在沙发上，拿起遥控器，按下"开机"键是如此容易。因此我决定在自己身上做另外一个实验。这次，我把电池从遥控器里取出来，拿着秒表，走了正好 20 秒的距离，把电池放在卧室的一个抽屉里。这就能改变我看电视的习惯吗？

接下来的几个晚上，当我下班回到家，一屁股坐到沙发上去按遥控器上的"开机"键时，我对自己说："我讨厌自己做这些实验。"但可以确定的是，重新安装电池所需要的精力和努力让我却步了。很快我发现自己拿起一本我特意放在沙发上的书读起来，或者拿起放在沙发旁边架子上的吉他弹弹，或者拿起很容易够到的笔记本电脑来写作。日子一天天过去，看电视的迫切愿望已经减弱，新的活动渐渐形成了习惯。最终，我发现自己在做一些比安装电池需要更多启动能量的事情，比如外出打一场篮球比赛，或者与朋友共进晚餐。我感到比以前更有效率，也更快乐了。

"20 秒规则"在我们希望养成更健康的饮食习惯时是一个关键同盟。研究人员发现，仅仅关上冰箱里冰激凌盒的盖子，就能减少冰激凌一半的消费量。实际上，获取不健康食品花

"通过每天增加 20 秒，我赢回了 3 个小时。"

费的努力越多，我们就吃得越少，反之亦然。这就是为什么营养学家建议我们提前准备健康的小吃以便很方便地把它们从冰箱里取出来，以及为什么他们建议吃垃圾食品时只取出一小份，然后把其余的放在够不着的地方。在《瞎吃》

一书中，作者描述了他的一个朋友每天下班途中都忍不住到 7-11 便利店购买一种叫思乐冰的碎冰饮品。最后，"他决定，如果他不能阻止自己把汽车开到便利店，那他可以选择一条不同的回家路线，绕过这个诱惑"。不管坏习惯是吃思乐冰、看电视还是工作中的分神，在与坏习惯做斗争时，我们最好的武器都是让我们觉得做它们更困难。

为了在自己和恶习之间设置障碍，聪明人想出了很多有创意的方法。比如，在美国越来越多的地方，冲动的赌徒可以要求政府把他们列入一个名单，这样他们进入赌场就是违法的，或者要求政府没收他们的赌博收入。一些手机运营商提供一项服务，在周末的某个时段禁止外拨电话（报警电话除外），以此防止饮酒者"醉酒拨号"。Gmail①也提供类似的有趣而有效的选择，它要求人们在深夜发送邮件前先解决一系列数学问题，这样就能防止那些醉酒的员工给他们的老板发送错误百出、满腹牢骚的邮件。

政府部门也利用"20 秒规则"服务于公众利益。比如，下面这个案例。

积极优势挖掘
案例

民意调查显示，愿意捐献器官的人非常多，但大部分人都畏于填写冗长的表格。为此有些国家已经转而实行一种"自愿退出"程序，它自动将所有公民都登记为器官捐献者。当然，任何人都可以自由地退出，但是当列入名单成为默认选择时，大部分人都愿意接受这种选择。这种做法真的有效，当西班牙采用"自愿退出"程序时，器官捐献者的人数立刻翻了一番。

在我偶然发现"20 秒规则"之前，除了诊断出营销经理泰德的两难问题外，我不确定自己能否对他有更多帮助。但当我认识到为什么他在保持注意力

---

① Gmail 是谷歌公司在 2004 年 4 月 1 日发布的一个免费电了邮件服务。——编者注

上这么困难时，我认为到了将这个策略运用到职场的时候了，从而将分神从阻力最小的路上移开。

第一步似乎与直觉不符——不再使用办公室里最初设计用来"节省时间"的许多捷径。比如，我鼓励泰德在工作时把电子邮件程序关闭，这样每当他收到新邮件时，电脑就不会再发出刺耳的提醒声了。当他想查看电子邮件时，必须主动地打开程序，等着加载。虽然这么做减少了非自愿的干扰，但对他来说，每当他的思想开始游移时，要点击其他链接还是太容易了，因此为了防止习惯性地查看邮件，我们要使它变得更困难。我们取消了用户的自动登录和密码，取消了电脑桌面上的快捷方式，然后把这一应用图标放在一个空文件夹里，再把这个空文件夹放在另一个空文件夹里，再放进另一个空文件夹。从根本上讲，我们创造了俄罗斯套娃的电子版。他有一天在办公室半开玩笑地对我说，现在要查看电子邮件真的"头疼死了"。

"现在我们有些进展了。"我回答说。

对其他让他分神的事物，我们采取了同样的方法。关闭了股票产品的窗口，主页从 CNN 换成了一个空白的搜索网页，甚至关闭了电脑的 cookie 功能①，这样电脑就无法"记住"他经常查看的股票网站了。他每多点击一个键，甚至在网络浏览器里多敲进一个网址，都为拖延增加了障碍，增加了他留在工作任务上的机会。我指出，他仍然有完全的自由来做他想做的事情，就像自愿退出程序一样，他的选择权根本没有被剥夺。唯一改变的事情就是默认，现在的默认设置提高了工作效率，而不是导致分神。

在第一天实施这一策略时，泰德不仅满腹狐疑，而且对我有点恼怒。似乎对他而言，我只不过使他忙碌的生活变得更困难了。我是什么人，居然要关闭

---

① 一种能将用户浏览信息自动保存在用户本地终端的功能。——编者注

他的 cookie？但是过了几天，一旦认识到他能在更少的时间内完成更多的工作后，他就改变了观念。

"20 秒规则"不仅仅是指改变做事情需要的时间。对必须做出的选择进行限制也能帮我们减少改变的障碍。回顾一下鲍迈斯特关于意志力的研究，自我控制是一个有限的资源，过度使用会使它越来越脆弱。这些研究者也发现，太多的选择同样会消耗能量。他们的研究表明，每当选择增加一个时，人们的体力、数学计算能力、面对失败的毅力和专注力都会大幅下降。这些选择不一定是困难的决定，也许是像"巧克力味的还是香草味的？"这类的问题。然而每一个无关紧要的选择都会进一步削弱我们的精力，直到我们没有足够的精力继续保持想养成的积极习惯为止。

我想养成的一个终生习惯是晨练。我从大量的研究成果中了解到，晨练能够提高认知任务上的表现，给予大脑"赢的状态"，带来一连串积极情绪。但是信息不等于转变，因为当每天早晨醒来后我问自己"我想锻炼吗？"的时候我的大脑都会回答：不，我不想。

如果你曾经试图养成晨练的习惯，你也许会碰到"受到太多选择的干扰"的问题。每天早晨闹钟响起之后，你内心的独白可能如下：我应该按掉闹钟继续睡觉呢还是马上起床？今天早上我应该穿什么衣服去锻炼？我应该跑步还是去健身房？我应该去附近那个人较多的健身房，还是稍远一点安静点的健身房？当我到达那里时我应该做哪种有氧运动？我应该举重吗？我应该参加跆拳道课程还是瑜伽课程？到这时你已经被所有这些选择搞得筋疲力尽，昏昏欲睡了。最起码这是发生在我身上的真事。因此为了让自己去健身房锻炼，我决定减少必须做出的选择的数目。

每天晚上睡觉前，我都会写出一个计划，包括第二天早上去哪里锻炼和集中锻炼身体的哪个部位，然后我把运动鞋放在床边。最后也是最重要的，我穿着健身房的衣服去睡觉。

当然衣服是干净的，我从根本上把所需的启动能量降到足够低，这样当我第二天起床时，必须做的就是翻身下床，把脚放进鞋里（袜子已经穿好），然后出门。原来那些在迷迷糊糊的晨起状态下令人畏缩的决定已经提前做好了。这么做果然奏效，消除了众多选择，减少了启动能量，使得起床去健身房成了默认模式。一旦我把晨练这种积极习惯巩固下来，现在就再也不必穿着健身房的衣服睡觉了。

在与世界各地的运动员和非运动员的交谈中，我都听到了同样的事情：当你把运动鞋穿上时，大脑就会发生一些奇怪的事情。你会开始想，现在出去锻炼更容易，而不是把它再脱下来。实际上，脱掉鞋更容易，但你的大脑一旦转到一个习惯上，就会自然地继续朝那个方向滚动，遵循着阻力最小的路。

"启动一个积极习惯所花费的精力越少，习惯就越可能坚持下去。"

这种方法不仅仅适用于让你自己去锻炼。想一想你希望在工作中产生的积极变化，找出在工作中"穿上鞋"意味着什么。

从设立改变的规则开始

不管你是想改变工作中的习惯还是家庭中的习惯，减少选择的关键都是设立并遵循一些简单规则。心理学家将这类规则称为"第二级的决定"，因为它们从根本上讲是关于什么时候做决定的决定，比如我提前决定早上什么时候、去哪里以及如何锻炼。

当然，这一技巧并不仅仅适用于像使用跑步机还是爬梯健身器这样的决定。在《选择的悖论》^①这本书中，巴里·施瓦茨（Barry Schwartz）解释了提前设立规则是如何把我们从一连串消耗意志力的选择中解放出来的，这能在我们的生活中产生真正的影响。在工作中设立规则，减少选择的数目尤其有效。比如，设立每小时只查一次电子邮件的规则，每天上午只在茶歇时间休息一次，这有助于把这些规则变成默认的习惯。

在行为改变过程的前几天，规则尤其有帮助，因为这时更容易偏离正确道路。渐渐地，当想要达成的行动变得更具习惯性时，我们就可以灵活些了。比如，你不会常常听到一个有经验的厨师说："我订了规则，总是严格照着菜谱来做菜。"因为最好的菜肴都是通过有创意的试验做出来的。但是对于像我这样刚开始学习厨艺的人来说，这一规则是完全必要的。由于我不太懂烹饪，还不知道如何得心应手地做饭，不遵守规则可能会导致灾难。

会计主管约瑟夫就需要在工作中设立规则，正如我需要在厨房里设立规则一样。他是一个相当保守、严肃的人，他的衣着和举止让我想起 17 世纪新英格兰的牧师。然而这只是表面现象，在内心深处，约瑟夫非常想把积极情绪传播给他的团队，但是乐观地行动和公开鼓励他的员工对他而言相当不自然。每天早上，他都想要变得更积极，但总是发现自己很快又回到默认模式了。他承认，当他想在团队会议上来点儿积极互动时，一大堆的选择会让他无所适从。我应该说哪些鼓舞人心的话？跟谁说？我应该什么时候说？我应该说哪些赞美的话？由于陷入无法决定的地步，他最终什么也没说，当会议结束时，约瑟夫再次哀叹又一次丧失的机会。所有这些决定都需要太多的启动能量。我们需要设立一些规则使它变得更容易。

第一个规则：每天，在走进会议室之前，他必须想好一个他要感谢的员工。

---

① 该书旨在告诉读者如何用心理学解读人的经济行为，已于 2013 年 3 月由湛庐策划、浙江人民出版社出版。——编者注

　　第二个规则：在开始会议前，在其他事情开始前，他必须公开感谢那个人。简单的一句话就够了，然后他可以按计划转向会议的其他内容，而不让许多选择盘桓在脑海里。

　　一个月后，我为了一次培训又来到了该公司，在走廊里碰到了约瑟夫。虽然没有人形容他热情奔放，但他确实看上去比从前更快乐、更和蔼。他告诉我，我们设立的日常规则使他更容易坚持目标，他正享受着工作中越来越多的积极情绪带来的好处。实际上，在这一新规则实施两周后，他发现即使已经达到了目标，他也想在会议上对员工做出第二次积极评价。现在他能自如使用这些规则，并对巩固新习惯很有信心。

　　本书阐述了我们发现积极优势的种种方法。但如果不在实际中把这些策略付诸行动，它们就没有一点儿用，就像锁在玻璃柜后面的一套昂贵的工具。使用它们的关键是养成可以自动产生好处的习惯，之后便无须持续而一致的努力，或者需要大量的意志力储备了。养成这些习惯的关键是仪式化的、重复的练习，直到行为嵌入你的神经系统。日常练习的关键是让你想要达成的行动尽可能地靠近阻力最小的路。识别出启动能量——新习惯需要的时间、选择、心力和体力，然后减少启动能量。如果你能为那些帮助走向成功的习惯减少启动能量，即使一次 20 秒钟，你也能开始收获它们带来的好处。总而言之，第一步，只是穿上你的鞋。

法则 7：

发展和利用你的
"社会资本"

　　我们与他人的关系比世界上一切事物都更重要，而这些关系累积起来正是我们的"社会资本"。它不仅会使我们的情感资源、智力和身体能量倍增，还能使我们更快地从挫折中奋起，取得更多成就，感受到更大的目标感。

18 岁那年，我在一个燃着熊熊大火的建筑里迷失了方向，什么也看不见。当我在一片火海中摸索着前行时，心里开始打鼓：也许我不应该做志愿消防员。

那时我正读高三，在家乡得州韦科城参加了 90 个小时的志愿消防员训练，当时训练已进入尾声。结束训练前的最后测试被称为火海迷宫，老消防员会让我们这些新手经历第一次真正的火海。我们穿上了阻燃防护服，背上氧气罐，带着恐惧，被领到一个叫"烟雾坦克"的无人农场筒仓里。老消防员打开了金属门，一个巨大的空间展现在我们的面前，里面是一个错综复杂的木头迷宫，围墙有三四米高，一些易燃物，如旧电线和木块杂乱地散落在地上。在我们还未把整个场地尽收眼底之时，老消防员已经点燃了木头，整个迷宫开始燃烧起来。

那时得州的气温已高达 37 摄氏度，但与整个建筑内的热浪相比，真是凉爽得很。我们拿起面罩，马上淹没在一片黑压压的烟雾中，指挥官说这是为了模仿在真正的大火中的视线条件。望着在面前越燃越近的火焰，我觉得这次"仿造"的大火对我来说似乎太真实了。我戴上了面罩，什么也看不见了。

老消防员透过熊熊的大火向我们大声发出了下面的指令。

有一个假人被困在迷宫中间。

你们的目标就是尽快地营救他。在真正的大火中，身处一所陌生的房子里，是非常容易迷失方向的。要防止这一点，唯一的方法就是始终贴着墙。

你们将会两人一组进入建筑内，要互相扶住对方，这样其中一人能够扶着墙，而另一人可以搜寻地面，寻找假人。

单独一人完成这项任务几乎是不可能的，但与搭档一起合作，就能相当轻松地完成。

消防员向我们保证，整个任务只用 7 ~ 10 分钟就能完成，而罐里的氧气足够我们用整整一个小时的。当氧气量只够 5 分钟时，警铃会响起，以保证我们有充足的时间安全撤离。最后，消防员又一次提醒说，我们的生命线是我们的搭档。在大火中去扶持你的队员看上去与直觉不符，但这是逃生的最佳方式。

老消防员猛地踢开了门，我们爬行向前进入了火海。我开始大口吸着氧气，同时感到我的搭档抓着我的手腕，我听见他也在困难地呼吸着。我们开始在烟雾中小心翼翼地摸索着前行。他在前面，一只手扶着墙，我用一只手扶着他，另一只手在地上摸索着寻找假人。进入迷宫大约 10 分钟，我们什么也看不见，热浪时近时远，不过似乎一切进展顺利。但我们还没有找到假人。

就在这时，我听到了警铃。我被火苗和烟雾所包围，什么也看不见，双膝着地向前爬，我想弄明白发生什么事了。为什么我搭档的氧气罐上的警报忽然响了？至少还应该有 45 分钟的氧气，但是警铃意味着他只有 5 分钟的氧气可供使用了。我想，一定是出了什么差错。

然后我的警铃也忽然响了。

如果是老消防员可能会保持镇定，但我们慌了。我的逻辑推理能力消失了。我未加思考就松开了我的搭档，然后他离开了墙，这是最糟糕的。我们都变成了独自一人，都找不到出去的路了。我们迷失了方向，心中充满恐惧，挥舞着双臂向相反的方向前行，呼唤着对方的名字。但是在熊熊的大火中，我听不到他的声音，他也听不到我的。随着时间分分秒秒地过去，我开始感到越来越无助和害怕。我发疯似地在地上到处爬，相信我的氧气供应马上就要用光了。

最后，似乎经历了漫长的时间，我感到热浪退去，一双有力的胳膊把我从迷宫中拽到了安全地带。当我大口呼吸着新鲜空气时，老消防员向我们透露了几件事。首先，出差错本身就是训练的一部分，氧气罐上的警铃故意早些响了，发出我们快用光氧气的错误警报。其次，当消防员进入迷宫跟踪我们时，发现我在一个死角转圈爬行，我的搭档离我六七米远，同样迷失了方向，情况跟我差不多。最后，根本没有假人。正如在每年训练结束时消防员说的那样：在大火中唯一的"假人"就是新手们，而他们总能得救。

> **"当我们遇到意想不到的挑战或威胁时，拯救自己的唯一方式就是紧紧抓住身边的人不要放手。"**

现在回想起来，我觉得这是一次特别残酷的训练。但是多年后，我仍然对这次难忘的火海迷宫训练带给我的教训印象深刻，这个教训也正是"法则7"的核心。

危急关头切勿单枪匹马

在燃烧的"烟雾坦克"中，这一法则是正确的，在写字楼里它同样也是正确的。当面临工作中的挑战和压力时，对我们的成功来说，没有什么比抓住身边的人更重要了。然而当工作中的警铃响起时，我们常常看不到这一现实，试图独自前行，结果就像我那样，无助地在某个死角转圈，直到用光氧气。

我看到太多的商界人士成为这一错误的牺牲品。我还记得 2008 年 11 月，特别残酷的一天结束时，交易钟声响起。道琼斯指数下跌，人们损失了无数金钱。我观察到一大群商界人士解下领带，沮丧地走出大楼。但是让我印象深刻的是他们在一天的交易结束时，没有像平时那样回到他们紧密联结的团队。他们全都沉默而孤单地走了出去。

这些人都是聪明而有能力的人，拥有世界顶级学府的 MBA 学位，然而需要鼓起勇气的时候，他们却主动削弱了自己。他们在最需要彼此的时候，却抛弃了最有价值的资源：社会支持。在那些危机四伏的日子里，我一次又一次地看到公司放弃了团队培训和社会"福利"，没有注意到团队士气在迅速下降，而去做那些他们认为"更重要"的事情。但实际上，没有什么比他们放走的东西更重要了。

要明白在最需要向他人求助的时候，我们是多么容易退回到自己的壳里，其实不必到经济崩溃的边缘，我们也会这么做。当一个棘手的项目搁在办公桌上时，我们往往担心不能达到项目要求。有足够的时间完成项目吗？如果完不成项目怎么办？当最后期限一天天逼近，压力逐渐增加时，我们开始在办公桌上吃午饭、工作到深夜、在周末加班。不久，我们变得"像一道激光一样专注"，这意味着没有面对面直接报告的时间，没有随意在走廊上的聊天，甚至没空给客户打一个不重要的电话。我们的电子邮件也变得生硬而没有人情味了。当我们陷入危机模式时，与家人和朋友在一起的时间往往是最先被放弃的。但是即使全身心地投入工作，我们的效率还是下降了。接近最后期限时，我们的目标似乎越来越远，让我们难以到达。于是我们顽固坚守，关掉手机，退回自己的困境中，把门上了双重锁。

在这种危急关头，通常会发生以下两种情况中的一种。要么我们感到气馁，完不成项目；要么我们鼓足干劲把项目完成，然后马上接到另一个有挑战性的项目作为奖励，虽然现在我们的氧气罐里已经没有剩余的氧气了。不管是哪种情况，我们都不仅变得可怜、沮丧和不知所措，而且会陷入死角，丧失执行力，完全单枪匹马。

> **"他们知道，社会关系是他们能对积极优势做出的最大投资。"**

成功的人采取的方法正好与此相反。他们不是转向自身，而是更紧地抓住了社会支持。他们不是从社会支持上撤资，而是投资于社会支持。这些人不仅更积极，而且效率更高，工作更投入，精力更充沛，也更有活力。

社交投资的价值

持续时间最长的心理学研究之一是追踪了 268 名哈佛学生，从他们 20 世纪 30 年代末上大学一直到现在。从这一丰富的数据中，科学家们能识别出哪些生活环境和个人特征能让人最快乐、最充实。2009 年夏天，领导这项研究的心理学家乔治·瓦利恩特（George Vaillant）告诉《大西洋月刊》，他能用一个词来总结这一研究成果："爱。"它真的如此简单吗？瓦利恩特在接下来的文章中详尽地分析了这些数据，"70 年的证据显示，我们与他人的关系很重要，比世界上其他一切事物都更重要"。

这一研究成果已经一再得到了证明。在《改变人生的快乐实验》①一书中，埃德·迪纳（Ed Diener）和罗伯特·比斯瓦斯－迪纳（Robert Biswas-Diener）回顾了过去几十年来关于幸福的大量跨文化研究，他们总结道："正如需要食物和空气一样，我们似乎需要社会关系才能生存和发展。"这是因为当有一些

---

① 该书旨在教会人们如何通过科学的途径提升积极情绪水平，已于 2010 年 9 月由湛庐策划、中国人民大学出版社出版。该书作者迪纳的另一著作《消极情绪的力量》也已于 2018 年 12 月由湛庐策划、浙江人民出版社出版。——编者注

可以依靠的人，比如爱人、家人、朋友和同事时，我们的情感资源、智力和身体能量就会倍增，我们就可以更快地从挫折中奋起，取得更多成就、感受到更大的目标感。而且，它对快乐产生的影响是立竿见影的，我们从积极优势中获益的能力也将长期持续。

首先，社会互动赋予了我们积极的力量；其次，每一个单独的联结都会随时间而加强一段关系，这能够永久地提高我们的幸福基准线。因此当一位同事在走廊里向你打招呼时，这一简短的交往实际上引起了快乐持续的螺旋上升，并带来了积极的内在回报。

在一项题为"非常快乐的人"的研究中，研究者鉴别出了最快乐的10%的人的特点。他们都生活在温暖的气候中吗？他们都富有吗？他们身体都健康吗？研究结果表明，有一个特点，而且只有一个特点，使得这最快乐的10%的人与其他人不同：他们的社会关系的力量。我对1 600名哈佛本科生的幸福感的研究也发现了同样的结果。

相比其他因素，比如绩点、家庭收入、SAT成绩、年龄、性别或者种族，社会支持更能预测快乐。实际上，社会支持与快乐的相关系数是0.7。这听起来也许不像一个大数字，但对研究者来说，这一相关系数相当大。大部分心理学研究的相关系数达到0.3就被认为是显著相关了。关键是你拥有的社会支持越多，你就越快乐；你越快乐，你获得的优势就越多。

积极优势挖掘
指南

大部分心理学研究的相关系数达到0.3就被认为是显著相关了，而社会支持与快乐的相关系数达到了0.7。与收入、成绩、年龄、种族等其他因素相比，社会支持更能预测快乐。你拥有的社会支持越多，你就越快乐；你越快乐，你获得的积极优势就越多。

我们对社会支持的需要不仅存在于脑海里。进化心理学家解释说，对归属感和形成社会联结的内在需要实际上已经与我们的生理连接起来了。当我们进行一次积极的社会联结时，产生快乐的激素——催产素就会被释放到血液中，它能立即减少焦虑感，提高我们的注意力和专注力。每一次社会联结也能改善心血管系统、内分泌系统和免疫系统，随着时间建立起来的社会联结越多，我们的行动就越顺利。

我们对社会支持有这种生物学上的需要，如果没有社会支持，身体就会出问题，例如缺乏社会交往能使一个成人的血压值上升30。在《孤独是可耻的》①一书中，芝加哥大学心理学家约翰·卡乔波（John Cacioppo）汇总了30多年的研究，有力地说明了社会联结的缺乏会像某些疾病一样致命。当然它也会造成心理伤害。一项对2.4万名员工进行的全国性调查发现，社会联结很少的人患抑郁症的可能性是有强大社会联结的人的2～3倍。

> 积极优势挖掘
> **指南**
>
> 在《孤独是可耻的》一书中，芝加哥大学心理学家卡乔波研究发现，社会联结很少的人患抑郁症的可能性是有强大社会联结的人的2～3倍。

另外，在享受强大的社会支持时，我们能获得迅速恢复的能力，甚至延长寿命。一项研究发现，那些在心脏病发作后6个月内获得情感支持的人，活下来的概率比其他人大3倍。另一项研究发现，参加乳腺癌支持小组使得患病妇女术后的预期寿命提高了一倍。实际上，研究者发现，社会支持对预期寿命的影响就和日常锻炼一样。正如一些医生所言："当生命之舟到了紧急关头时，审慎的幸存者不会把食物扔到船外，而保留甲板上的家具。如果某人必须抛弃

---

① 该书犀利地指出了孤独的危害以及社会联结的重要意义，已于2009年1月由湛庐策划、中国人民大学出版社出版。——编者注

生活的一部分，那么与伙伴在一起的时间应该列在最后，因为他需要那种联结才能活下来。"

当我们四处漂泊时，紧紧抓住我们的船友，而不仅仅是我们的小船，我们才能幸存下来。

同样的策略——紧紧抓住他人，对于我们在工作中应对日常压力很重要，就像对生存很重要一样。研究表明，员工在工作期间的每一次积极互动实际上都有助于使心血管系统返回休息状态。长期下来，有更多这种互动的员工就会免于受到工作压力的负面影响。

每一次联结也降低了与压力相关的激素——皮质醇的分泌，这有助于员工更快地从工作压力中恢复，并使他们为处理未来的压力做好充足准备。而且，研究还发现，拥有强大关系的人很少在一开始就认为情境是有压力的。

因此，从根本上来讲，对于社会联结的投资意味着你将发现，把逆境解释为通向成长与机会之路更容易。当你必须经历压力时，你将更快地从中恢复，并更好地保护自己免受压力所造成的长期负面影响。

在多变的职场里，包括身体和心理层面的压力管理能力是重要的竞争优势。一方面，研究发现它能够极大地降低公司的医疗成本和缺勤率，但更重要的一方面是，它直接影响了个人的绩效。

研究人员发现，员工从积极的社会交往中获得的"生理性资源"为工作的投入度提供了基础——员工能工作更长时间，注意力更集中，能在更困难的情况下工作。美国电话电报公司（AT&T）的故事就是一个好的例证。

当美国电话电报公司被划分为三个独立的子公司，经历了大幅裁员和内部混乱后，一位日常工作在一线的高级管理者注意到，有些员工在压力下比其他员工表现得更好。正如他向哈佛教授戈尔曼所解释的那样："公司调整带来的这种痛苦不是在所有地方都能感受到。在许多技术部门，人们形成紧密的团队，从一起做的事情中发现了重大的意义，基本上不受这场混乱的影响。"为什么？因为投资于社会支持系统的人在最困难的环境中也准备着去发展，而那些远离人群的人在最需要保护线的时候却切断了他们拥有的所有保护线。

为了充分理解这一区别的重要性以及它对未来成功的影响，让我们到橄榄球球场上去看一看。

在美式橄榄球界，有一些位置实际上得到了所有关注：四分卫、外接手和明星跑卫。他们是抓住大部分新闻头条的人，他们的薪酬和名声证明了他们的重要性。但是其他一些橄榄球运动员同样得到了很高报酬，或许甚至更有价值，如攻击线。然而很少有人知道他们是谁或者他们在做什么，也很少有球迷穿着他们的球衣四处走动。

当一支球队在赛场上排成队时，四分卫站在由 5 个高大强壮的队员组成的攻击线的后面。在离他们仅仅几厘米远的地方等待的是准备突击的对方球员。听到哨声，一群肌肉发达的身体就会飞冲过来，用他们的体重和力量冲向四分卫，想把他击倒在地。攻击线是四分卫和这群冲锋的人之间的唯一防线。他们不会触地得分，也不会踢任意球。他们只有一项工作——保护四分卫，但这是橄榄球场上最重要的工作之一。毕竟，如果四分卫在有时间投球之前就已经触地，那就不可能赢得比赛了。

当出类拔萃的四分卫乔·蒙塔纳（Joe Montana）第一次有机会在一支优秀的攻击线后投球时，他表现得空前卓越。正如迈克尔·刘易斯（Michael Lewis）在《弱点》（*The Blind Side*）一书中所形容的那样，蒙塔纳投球时"像一个事先得到考试答案的孩子一样"。在赛后，蒙塔纳告诉记者："我以前从没见过我们像这次这样赢得比赛……比赛看上去不那么艰难，但实际上很激烈。我们的攻击线阻止了他们，就在那时我赢得了时间，事情变得容易了。"每个人都赞美蒙塔纳，但他赞美他的攻击线。

即使我们大部分人都生活在远离橄榄球场的地方，每个人也都有自己的攻击线：我们的配偶、家人和朋友。当被这些人环绕时，我们会感到自己能掌控大的挑战，而小的困难甚至不用放在心上。就像攻击线保护四分卫免受撞击一样，社会支持也可以防止压力把我们撞倒，或防止压力挡住我们走向目标的道路。如果没有攻击线的帮助，蒙塔纳就不可能底线得分。同样，社会联结也能帮助我们发挥自身独特的力量，在工作和生活中取得更多成就。

社会支持带来的益处并不局限于短期。在一项针对 50 岁以上的人进行的纵向研究中，那些生活在高压力之下的人在接下来的 7 年中死亡率更高。但同样的研究发现，这一较高的死亡率对那些报告说他们有较高水平情感支持的人不适用。就像四分卫在他的整个职业生涯中都受到保护免受撞击一样，持续一生的强大的社会关系也能为我们提供重要的保护，使我们免受压力的危险影响。我们并不总能阻止体重 300 斤的对手冲向我们，但我们都能投资于一个强大的攻击线。这能产生巨大的不同。

但是，不是所有人都会进行社交投资。通常，甚至在进入职场前，我们就开始在误导下向内退缩。你也许记得，作为哈佛的辅导员，我有 12 年的时间住在一间宿舍里，同本科生们在一起。这为我提供了许多独特的生活经验，其中最好的一点就是有机会看到这些 18 ～ 22 岁的年轻人运用不同的策略走出哈佛的迷宫。虽然从某种意义上讲，每个学生都是特别的，但是在这样一个充满挑战与竞争的环境里，当面临着不可避免的压力时，我注意到有些学生获得了明显的优势，而有些学生虽然很聪明也很努力，但似乎有什么阻碍了他们的进步。

在我的记忆里，有两个新生尤其突出：阿曼达和布里特妮。她们俩是室友。两人都精力充沛，入学后不久都交了一些朋友。但是当期中来临时，她们的道路分开了。当压力逐渐增加时，阿曼达在图书馆里找到了一处僻静的角落，把大部分时间都花在了那里。她开始不来参加我们的"宿舍课间活动"，她没有时间参加这些不重要的活动，比如与同学一起吃饭和分享故事等。虽然她曾是我们宿舍"极限飞盘团队"中活跃的一员，但现在她不再来参加练习和比赛了。有一天，我在食堂碰见了她，这时她正要带着午饭离开，很可能是要返回图书馆。她承认她的压力实在太大了，除了学业，她不能专注于其他任何事情。"我的朋友们会理解我的。"她说。可我担心的不是她的朋友们。

相比而言，布里特妮非常活跃。她没有忽视挑战或压力，也和阿曼达一样用功，但她并没有把自己隔离在一间斗室里，而是组织了学习小组。对于"数字魔力"这一课程（课程名称并非虚构），她给 6 个朋友发了电子邮件，让大家每人写一份一周的阅读总结，然后在一周内利用几次午饭时间一起分享他们的作业。记得有一次我偶然碰到他们在开研讨会，而会议的内容是《辛普森一家》。"我原来以为这是一个数学学习小组呢！"我假装生气地说。一个年轻人抬头看着我，然后指了指布里特妮说："她指示我们抽时间随便聊聊天。"几周后，当我在一次"宿舍课间活动"中为她登记时，她正从作业中抽出 10 分钟参加我们吃奥利奥奶油夹心巧克力饼干的比赛。布里特妮耸了耸肩膀说："作业真的很繁重。但是，我猜大家会觉得一起熬夜学习的感觉很好。"

在这里我不想再反复讨论这一点。简单点说，到了 1 月份，她们两个人中的一位已经屈服于压力，希望能转到一个竞争不那么激烈的地方；另一位则很积极，适应良好，在学业上表现突出。虽然阿曼达和布里特妮都是现实中的人，但她们也代表了我们每个人面临逆境时的选择。我遇到的许多商业领袖像阿曼达一样，认为通向成功的路是一条他们必须独自行走的路，但这并不是事实。与我一起工作过的最成功的人知道，即使在一个竞争特别激烈的环境中，只要我们积聚身边的资源并利用与他人交往的哪怕最小瞬间，我们就能更有准备地处理挑战和困难。每次布里特妮与她的朋友们在一起吃午饭或者进行学习研讨时，她不仅过得很愉快，而且降低了压力水平，诱发大脑产生更好的表现，并利用了社会支持提供的观念、能量和动力。当阿曼达从她的社交网络中撤出并最终举步维艰时，布里特妮却投资于那些持续产生回报的事物。正如社会支持是快乐的秘诀和对抗压力的解药一样，它同时也是在工作中取得成就的主要因素。

人际关系越好，效率越高

从"法则 5"中我们了解到，相信自己能掌控命运的人在工作和生活中具有巨大的优势。这并不意味着我们必须生活在真空里，或者成功只能由自己默默奋斗来决定。还记得长达 70 年的对哈佛大学生的研究吗？研究人员发现，社会联结不仅预测了一个人整体的快乐程度，而且预测了最终的事业成就、职业成功和收入水平。

斯坦福大学心理学家德韦克喜欢让她的学生想象历史上最伟大的人在工作时的状态，借此来阐明这一观念有多么荒唐。当学生想到爱迪生时，她问他们："你看到了什么？"

"他正穿着白大褂站在一个实验室里，"普遍的回答是这样的，"他正倾身靠近一个灯泡。忽然，灯泡亮了！"

"他是独自一人吗？"德韦克问。

"是的，他是一个隐居的人，喜欢独自忙碌。"

这时德韦克会指出，这种看法离事实再遥远不过了。爱迪生实际上是在团队支持下成功的，他是在 30 个助手的帮助下发明了灯泡。爱迪生是一只社会性的、有创意的狼，而不是一只孤狼！当谈到社会上最有创意的思想家时，人们经常认为他们是古怪的、孤僻的天才，但事实绝非如此。

我们都听过"三个臭皮匠，胜过诸葛亮"这句俗语，而职场中社会交往带来的益处远比小组头脑风暴要多。它会激发个人的创造力和工作效率。比如一项对 212 名员工的研究发现，工作中的社会联结能预测更多的个人学习行为，这意味着员工感受到越多的社会联结，他们就会花越多的时间去寻找提高自身效率或者能力的方法。

"也许最重要的是，社会联结能够激励人。"

当 1 000 多位非常成功的专业人士快退休时，研究者对他们进行了采访，询问在整个职业生涯中什么最能激励他们，大部分人都把工作中结下的友谊放在了收入和个人地位之上。在《从优秀到卓越》一书中，吉姆·柯林斯阐述了类似的事实："他们爱他们所从事的工作，很大程度上是因为他们热爱跟他们在一起做事的人。"

我们对工作中的关系感觉越好，效率就越高。例如，一项对一家金融服务公司 60 个业务部门的 350 多名员工开展的研究发现，团队成就的最重要的预测因素是团队成员间的相互感受。这一点对经理们尤其重要，因为他们通常控制不了被分派到团队中的员工的背景或者能力，但他们能控制团队成员之间的互动水平和融洽程度。研究表明，越多地鼓励团队成员进行交往和面对面交流，他们就越能投入工作，精力越充沛，也能更长时间地专注于一项任务。简而言之，团队成员在社会凝聚力上投资越多，工作就会产生越好的成果。

要使工作绩效和工作满意度产生变化，社会交往不必总是很深才有效。组织心理学家发现，即使短暂的相会也能形成"高质量的联结"，它能激发员工的开放性、能量和忠诚度，这会相应地在工作绩效上产生许多可测量的、直观的收益。简·达顿（Jane Dutton）是密歇根大学专门研究这一课题的心理学家，她解释说："任何与他人的交往都有可能成为潜在的高质量联结。一次交谈、一封电子邮件、会议上的一次互动，都能为参与的双方注入更大活力，推动他们前进，赋予他们更强的行动力。"

这不仅会带来工作乐趣和友好的工作环境。每一次这种社会联结都会产生回报。从下面对 IBM 公司的研究中，我们可以看到"社会资本"的价值。

积极优势挖掘 **案例**

麻省理工学院的研究人员用整整一年时间追踪了 2 600 名 IBM 公司的员工，观察他们的社会联结，甚至用数学公式来分析他们的通讯簿和朋友名单的规模及范围，他们发现 IBM 员工的社会联系越多，表现就越好。研究人员甚至能够量化这一差别：平均每封电子邮件多产生价值 948 美元的收入。这确凿无疑地体现了社交投资的力量。IBM 在马萨诸塞州的坎布里奇启动了一个项目，促进原来互不相识的员工相互介绍认识，从而明智地利用了社交投资。

谷歌公司也许是真正理解社会联结重要性的最著名的公司范例。这可不是口头上说说，公司餐厅不仅在工作日外的时间保持开放，而且尽可能地促进员工在一起用餐。谷歌员工可以时时了解托儿所的情况，甚至被鼓励在工作时间抽空去看望他们的孩子。UPS 是另一家投资于社会资本的成功典范。

在全美各地的城镇里，每天你都能发现三四辆 UPS 公司的卡车停泊在一起，他们的司机坐在附近一起吃午餐。互相交流着彼此的故事、信息以及放错的包裹。由于这一做法会让司机脱离原来安排好的路线，而且比一个司机单独进午餐花去更多时间，因此许多人都为 UPS 公司这一痴迷于效率的企业巨人竟然鼓励这种做法而感到惊讶。但他们确实鼓励这种做法。他们知道这种社会交往从长期来看会产生回报，不仅对于单个司机如此，而且对于整个组织也是如此。

其他一些公司，比如美国西南航空公司、达美乐比萨连锁店等，都已经设立了项目来培育社会资本，比如号召员工向面临医疗困难和财务困难的同事捐款。结果，参与的员工（甚至那些没有参与但知道有这个项目的员工）都感到相互之间有更大的承诺，也对整个公司有了更大的承诺。在一家世界 500 强零售企业中，一位经理分享了他对公司支持基金会的感想："我因公司而感到自豪……认为付出是一件美好的事情。你知道，这的确使我感到……我在为这样一家公司工作，它分享了我的感情，充满关心和体贴。"然后这些感受转变成了真正的回报，包括员工缺勤率和流动率的降低，以及员工动机与投入的增加。

当然，像这些大范围的公司政策并不总是必要的，细微的差别也可以产生相当大的影响。有一次我参观金融巨头瑞银集团在伦敦的办公室，他们的交易员们每周五下午都会在一辆啤酒车上相聚。几年前，哈佛商学院的院长为了改善压力过大的法律系学生的生活质量，也曾有类似的主意：她在教室与教室之间设立了咖啡站，在院子里开辟了一个排球场，这样学生就有了社会交往的方式，即使是在短短的几分钟课间里。

可悲的是，当公司发现自己陷入财务困难时，这些政策通常是首先被取消的。瑞银集团最近由于预算紧缩而暂停了每周的啤酒车聚会，但得益于这一传统所培育出的有凝聚力的文化，这一聚会仍在继续。当我再次拜访时，员工们迫不及待地告诉我，两位经理如何掏自己越来越瘪的腰包为他们的团队买啤酒。他们知道保留这一仪式将会鼓舞士气，尤其是在困难时期。我参观时员工的士气证明，这的确是有效的。

在体育界，这些人被称为"有团队凝聚力的人"。正如《华尔街日报》解释的那样，这类运动员"安静地把获胜的团队团结在一起……统计学家们不相信他们的存在，但心理学家们相信。运动员和经理人非常信赖他们"。由于一支棒球队一年至少要进行 81 场比赛，球员们比赛和生活都在一起，因此和谐相处的重要性是

> **"这些积极投资于社会关系的人是一个欣欣向荣的组织的核心和灵魂，也是推动团队前进的力量。"**

不言而喻的。在职业体育界这一高风险的环境中，压力之下，团队可能会出现分歧。而有团队凝聚力的人能在那些艰难时刻，即运动员们最容易离开时，把他们团结在一起。

在我最喜欢的讽刺情景喜剧《办公室》（*The Office*）中，斯坦利是一个坏脾气的员工，他对装模作样的上司感到很不耐烦。最近他的心脏有些不舒服，医生要求他戴着心脏监护器去上班。如果他的心率上升到危险水平，这个监护器就会向他发出警告。迈克尔走进来了，这是一位随处可见的极不称职的上司。每次当迈克尔走到距离斯坦利一米以内的地方时，心脏监护器就会响起来；迈克尔靠得越近，它发出的声音就越大，越难以控制。仅仅只是靠近不胜任而令人心烦的上司就可以使斯坦利的心率急剧上升。

当然，这是电视剧里的一个情节，但在现实生活中也上演着同样的剧情。回到真实世界，一组英国研究者决定追踪一群员工，他们轮流为两个不同的主管工作——一个与他们相处融洽，一个相处不融洽。即一个是他们爱戴的上

司，一个是"迈克尔"。的确，在为可怕的上司工作的日子里，他们的平均血压上升了。一个为时 15 年的研究甚至发现，与上司关系不好的员工患冠心病的可能性比其他人高 30%。似乎与上司之间不好的关系就如同经常吃油炸食品一样糟糕，而且没有后者有乐趣。

上司和员工之间的关系，即戈尔曼称为"垂直的伙伴"的关系，是你在工作中能培养的独一无二的、最重要的社会联结。研究发现，管理者与员工之间的联结是日常效率和人们工作时长的最主要预测因素。盖洛普公司花了几十年时间研究世界顶级机构，它估计美国公司每年由于员工与上司之间糟糕的关系而造成的损失高达 3 600 亿美元。难怪垂直的伙伴关系对公司绩效有如此深刻的影响，正因为如此，戈尔曼说，它是"组织生活的一个基本单元，类似于人体的分子，它们互相作用，形成了关系格子，这就是组织"。因此当这一关系很牢固时，公司就能收获它带来的回报。

积极优势挖掘 案例　麻省理工学院的研究者发现，与管理者有较强联结的员工比那些与管理者有较弱联结的员工能为公司赚更多的钱——每月比平均水平多赚 588 美元。

在一项超大规模的研究中，盖洛普公司询问了世界各地 1 000 万名员工，问他们是否同意下面的陈述："我的上司，或者工作中的某人，把我作为一个人来关心。"结果发现，那些同意这一陈述的人的效率更高，对利润的贡献更多，在公司长期工作的概率也更大。

那些卓越的领导者已经了解了这一点，他们义无反顾地让员工感到受重视。当一场大火烧毁了马萨诸塞州一个小镇上的莫尔登米尔斯（Malden Mills）工厂时，CEO 艾伦·福伊尔斯坦（Aaron Feuerstein）宣布他将继续支付所有

3 000 名即将失去工作的员工的薪水。《在好的公司里》（*In Good Company*）一书中，唐·科恩（Don Cohen）和劳伦斯·普鲁萨克（Laurence Prusak）讨论了这一行动如何大大地震撼了美国公众。福伊尔斯坦被奉为无私的英雄，甚至被邀请到白宫。但是作者指出："公众和商业界都认为福伊尔斯坦的行为如此奇特，明显'不像商业行为'，这表明许多人还不明白组织中社会资本的价值……他花费的这些金钱是对未来事业的一种投资。"

很明显，对于牵涉其中的人来说，这样做有利于优化彼此的关系，包括老板、员工和整个组织。不幸的是，在今天快节奏的工作中，很少有领导者愿意投入时间去加强与其同事或员工之间的紧密联结。当然这并不需要给大家支付薪水，我们已经看到，需要做的仅仅是保证频繁的、积极的社会交往。一份民意调查显示，90% 的人认为工作场所的粗鲁无礼是一个严重的问题。许多领导者不愿意在这方面付出努力，有许多各不相同的理由：没有足够的时间，害怕与员工走得太近而削弱了他们的权威，一种持续的危机心态，甚至简单地认为工作就是工作，而不是友谊。然而他们越忽视社会资本的力量，就越削弱公司的绩效和自己的表现。

怎样的社交投资最有效

金融规划师告诉我们，让股票投资组合升值的最保险方式是持续地用股息进行再投资。社交投资组合也是如此。我们不仅需要投资于新的关系，也应该一直在现有的关系上进行再投资，就像股票一样，社会支持网络保持的时间越长，它就越茁壮。幸运的是，有一些技巧可以帮我们进行尝试。

每次当你跨过办公室的门槛时，都有机会形成或者加强一个高质量的联结。当走过人多的走廊，向你遇到的同事打声招呼时，记得要看着他们的眼睛。这不是作秀，神经科学的研究显示，当我们与某人进行眼神接触时，实际上就向大脑发送了一个信号，会引起共鸣与和谐。可以问对方一些有趣的问题，安排面对面的会面，进行并不总是以任务为导向的谈话。以下是一家世界排名前 100 的顶级法律公司的一位经理的做法。

积极优势挖掘
案例

这位受欢迎的经理曾告诉我说，他每天都设法从一位同事那里学习一件新事物，随后与同事的谈话中他会提到这一点。当他的员工感到与他和公司都有了更紧密的联系时，他每天所投资的社会资本逐渐获得了越来越大的回报。

《快公司》（*Fast Company*）杂志有一次采访了一位 CEO，他曾是一家风险投资公司的领导者，他承认："为了使从关系中获得的价值最大化，我们必须付出许多。我把许多时间都用于介绍朋友认识，给予推荐，提供联系，并广泛地参加那些有利于他人的事业和个人生活的团体。"

我们都知道，保持社会联结的重要一点，是在某人需要时给予其物质上和情感上的支持。但一项有趣的新研究表明，在顺利时期我们如何支持他人比在困难时期更能影响一段关系的质量。与某人分享快乐的消息被称为"资本化"，它有助于增加积极事件的影响，同时加强双方的联结。获得这些益处的关键是你如何对别人的好消息做出反应。

谢利·盖布尔（Shelly Gable）是加州大学的心理学家，她发现我们对别人的好消息会做出四种不同的反应，其中只有一种反应会促进关系的发展。这种反应是主动而富有建设性的，它给予对方热情的支持和具体的评论，并提一些后续的问题（"这真棒！上司注意到了你工作一直都很努力，我为你感到高兴。你的晋升什么时候生效？"）。有趣的是，她的研究表明，对好消息的被动反应（"还不错。"）与明显消极的反应（"你得到晋升了？我很惊讶他们没有提升萨利，她看上去比你更适合那份工作。"）一样会对关系造成伤害。不过，最具有破坏性的反应是完全忽视这一消息（"你看见我的钥匙了吗？"）。盖洛普公司的研究表明，主动而富有建设性的反应增强了关系的投入度与满意度，人们在谈话中获得了理解、认可和重视，这些都有助于获得积极特质。

构建注重社会资本的团队

如果你是领导者，你不仅要加强自己的联结，而且也要有力量培育一个重视而非阻碍社会投资的工作环境。例如，当新员工进入公司时，领导者可以抽时间把他介绍给大家，尤其是介绍给其他部门，尽管也许他们今后不会直接在一起工作。实际上，老员工也应该尽可能与公司其他部门的人会面。毕竟，员工们互相见面的机会越多，他们加强高质量联结的机会就越多。在这方面投入越多，这一策略就会越有效。

不管你在公司里是不是处于领导地位，简单地把两位原来互不相识的员工介绍认识，也许是投资于社会关系的最容易、最快捷的方式。

为了让介绍变得更有效，应该不仅仅介绍员工的姓名、部门和工作职责。迈克·莫里森（Mike Morrison）是丰田大学的副校长兼系主任，他喜欢问员工："你名片背面写着什么？"换句话说，你名片的正面也许印着"常务董事"，但也许"宏图思考者""教育者"或者"烈焰下的冷静"等更能显示出你的不同。这类信息，甚至一些简单的细节，比如一个人住在哪里，他的业余爱好是什么等，能更即时和有效地加强两个人之间的联结。

应该注意的是，进行有效的社交投资并不需要所有同事都成为好朋友，也不需要总是彼此欣赏，这是不可能的。但重要的是互相尊重和真诚相待。强制员工做尴尬的事情打破僵局或者强迫员工进行联结活动，比如让大家在会议上分享一些隐私生活，只能导致隔膜和不信任。这些时刻最好是水到渠成的，如果环境适宜就会这样。好的领导者会给予员工空间和时间让社会交往自然而然地发展。因此，越多地为员工提供公开交流的空间越好。一个公司的 CEO 看到楼梯间里的同事们大笑着，互相交流周末的故事、讨论彼此的观点，于是他就扩大了楼梯间，还把咖啡机放在楼梯的平台上，以此鼓励这种社会交往。

团队在一起共进午餐也很重要。达顿说，甚至传统意义上乏味的会议也能通过某种设计来培育高质量的联结。那些鼓励成员积极倾听的会议能培养群体的投入度。我认识的最好的常务董事之一在开会时让所有人都关掉手机，这样所有人的眼睛都可以彼此注视。他是达顿所说的"理性地专心"的领导者典范。我们对团队不断变化的关系越关注，团队的发展就越好。

如果我们的目标是培养团队凝聚力，那么我们使用的语言就很重要。还记得当一项任务被命名为"社区游戏"而不是"华尔街游戏"时，群体合作的区别吗？我们能通过使用包含共同目的和互相依赖的语言来促进工作中的社会联结。达顿也建议，我们应该关注当下，不论是身体上的还是精神上的。这意味着当有人走进你的办公室与你谈话时，不要双眼依然盯着你的电脑屏幕；当有人给你打电话时，不要一直忙着在键盘上打字。一位会计曾告诉我，当他听到电话另一头传来键盘敲击声时，他就知道上司没有认真听他讲话。培养一种联结需要积极倾听，给某人你全部的注意力，同时允许他们畅所欲言。正如达顿解释的，"许多人听别人说话时都好像在等待机会发表他们自己的看法"。不要这么做，要集中注意力于说话者和他们的看法，然后询问你感兴趣的问题。

那些在社会资本上付出最多的领导者也应行动起来。在工作中形成更多联结的最好方法是从办公桌后走出来。"走动管理"（managing by walking around，MBWA）这一观念是在 20 世纪 80 年代由领导力专家汤姆·彼得斯（Tom Peters）提出的，这一观念是他从惠普公司的领导人那里学来的。"走动管理"让管理者们去了解员工，分享好消息和有效的工作方法，倾听他们关心的问题，提供解决方案，并给予员工鼓励。UPS 公司的 CEO 吉姆·凯利（Jim Kelly）是这一观念著名的实践者。"我甚至不知道我们的管理委员会成员的电话号码，"他说，"因为如果他们在办公室，我从不打电话。当我们需要交谈时，就走进对方的办公室。"彼得斯说，从第一次讨论"走动管理"在组织成功中的作用到现在已经 25 年了，它仍然像以前一样重要，但可惜运用得远远不够。

与员工面对面交流也提供了一个极好的机会来实践我们在本书前面提到的一个建议——经常的认可和反馈。对员工做得好的工作给予具体而真诚的赞美，也能加强两个人的联结。这就是我为什么经常让经理们在早上开始一天的工作前，给朋友、家人或者同事写一封赞美或者感激的电子邮件，不仅因为这样做会滋养他们自己的积极情绪，还能巩固一段关系。不管是为了多年的情感支持还是办公室里一天的帮助，在工作中表达感激都能增强个人和职业方面的联结。

实际上，研究表明，感激会使关系呈螺旋上升的状态，参与的每个人都会得到鼓励来加强这种联结。它也预测了在一个大团体中的融入感和合作程度，这意味着一个员工向另一个员工表达的感激越多，他们在整个团队中感到的社会凝聚力就越强。

感激能激起你自己作为一个有团队凝聚力的人的认同感。

有时一场危机才能教会我们认识到社会投资的重要性。对于这种现象，《华盛顿邮报》在头版上进行了报道，当经济衰退来临时，人们的拼车和社区联结显著增加；人们甚至开始举行"庭院晚会"，邻居们在晚会上交流对剪草机和庭院设计的看法。正如一个人提到的那样："人们在互相帮助，重新团结在一起。你不再孤独。"甚至曾和我一起工作过的高管们也开始在经济衰退后那些黑暗的日子里相互支持，并尝试合作、协同等方法，而他们在经济衰退前几个月还是向内看的，以个人成果为驱动，独自前进。工作量突然减少的工作狂们开始早早回家，花更多的时间与孩子和爱人在一起。主张个人主义的管理者们开始离开舒适的办公室，四处走动，从一个小间到另一个小间。起初他们也许别无选择，当经济再次回升时，他们也许会再次回到原来的状态，但许多人告诉我，结果证明，被迫重新审视自己的生活之路和工作之路，是发生在他们身上的最好的事情。

当然，在一个理想的世界里，不应该有了危机才能明白这一点，尤其是已有大量证据显示，我们的社会关系是积极情绪和高绩效的最大预测因素。因此，即使本能告诉我们要向内退缩，但积极心理学知道什么才是最好的答案。当被大火包围时，紧紧抓住他人是我们成功走出迷宫的最好机会。在日常生活中，包括在工作和家庭中，社会支持能够反映我们是会屈居于平均线之下，还是能释放出最大潜能。

THE HAPPINESS ADVANTAGE

第三部分

如何让团队更高效

这是写给每一位领导者的秘诀，也是让每一位员工在工作中更具优势与幸福感的武器，它将前文所说的 3 大发现和 7 大法则牢牢凝结在一起。它不再只寄希望于让"我"变得更好。能让我们走得更远的，永远是彼此影响和激励的"我们"。

测一测　　　**关于如何发现你的积极优势，你了解多少？**

5. 在团队内部传播积极特质能带来的益处不包括____。

　　A. 有效提升员工的幸福感

　　B. 激发团队的活力和创造力

　　C. 大幅提高生产力

　　D. 构建开放、共享的办公氛围

6. 下列说法正确的是____。

　　A. 研究表明，我们其实有能力改善身边 1 000 个人的生活

　　B. 积极情绪容易被传染，是因为多巴胺效应

　　C. 消极情绪不太容易被传染

　　D. 严厉的 CEO 更可能培养出快乐的员工

终极法则：

让积极特质
"大规模传染"

大部分人的快乐三次方内有将近1 000人，这是真正的连锁效应，通过努力让自己变得更积极、更成功，进而有能力改善我们周围至少1 000个人的生活，让 n 次方的效应延宕开来，我们就能把积极特质传播到整个团队甚至全世界。

几个月前，我在中国香港做了一次演讲，听众是各大企业的 CEO 和他们的夫人。在之后的酒会上，一位非常自信但微带醉意的 CEO 亲切地握着我的手："谢谢你，肖恩。这个研究很出色，听起来非常靠谱。"然后他倾过身来诡秘地对我耳语："我已做到了你所提倡的大部分内容，但我妻子真需要好好听一听。"

他的高声耳语让同排的所有人都听到了，当他向站在四五米远的妻子招手时，我认出了她，那天晚上她已经跟我交谈过。我微笑着，同样高声而诡秘地向他耳语："谢谢你，先生。她对我说了同样的话。"

我之所以提到这个故事，是想表明，不管我在世界各地什么地方，大部分人都认为这一研究对他们有用，但对他们周围的人会更有用。我们最有力量改变的人是自己。虽然这 7 个法则必须从个人水平上开始实施，但绝不仅仅局限于此。为了对本书做个总结，我想讨论一下在我们自己身上做出这些改变如何能影响周围的人。

"我们最有力量改变的人是自己。" 一旦我们开始在自己的生活中利用积极特质，积极的改变很快就会扩散开来，这就是积极心理学如此强大的原因。综合运用这 7 个法则可以使积极心态和成功螺旋式上升，这样所获得的益处很快就会倍增。然后积极的影响就会开始向外扩散，提升你周围所有人的积极情绪水平，改变同事工作的方式，最终塑造你所在的整个组织。

传播积极特质

整个过程从你的大脑开始。正如我们在"法则 6"中所看到的，你的思想和行为在持续地塑造或重塑大脑中的神经通路。这意味着你对本书中所列的练习实践得越多，心态向积极面转变得就越多，你就越能长期地巩固这些习惯。当你的大脑变得对一个习惯更熟练时，你利用另一个习惯的能力就会提高。这是因为这些法则不是单独发挥作用的。我把它们以 7 个不同的法则呈现出来是为了清晰明了，但也许你已经注意到了，它们是互相联结的，运用其中几条法则的同时配合其他法则能提高它们的共同效力。

比如，积极的"俄罗斯方块效应"可以激起更好的"反事实"，因为训练自己寻找世界的积极面能帮助我们重新解释失败，将失败视为成长的机会。"社会资本"能帮我们掌握"20 秒规则"，因为强大的社会支持促使我们对新习惯负起责任。当然，我们也能通过减少在工作中形成高质量联结所需的启动能量，利用"20 秒规则"来改善我们的社会资本。我们形成的高质量的联结越多，就越有可能将工作看作事业，而不仅仅是工作，这反过来又能引起积极特质。以此类推，一条法则的效应变成了另一条法则的触发器，这样它们的效果就远远超过了这些法则简单的相加。综合运用这些法则，它们就能对我们产生任何一条法则单独都产生不了的效力。

运用 7 条法则的益处并不止于此。我们自己越多地利用积极特质，就越能影响周围人的生活。奇妙的是，最近探讨社会网络在塑造人类行为中的作用的研究证明，我们的许多行为实际上是具有感染力的。我们的习惯、态度和行为通过一个复杂的联系网络向外传播，感染着周围的人。

在具有开创性意义的著作《大连接》①一书中，尼古拉斯·克里斯塔基斯（Nicholas Christakis）和詹姆斯·福勒（James Fowler）运用多年的研究向我们展示了行为如何不断通过各种途径，在各个方向上互相作用和反弹。"联结并不像车轮上的辐条一样以直线形式向外延伸，"他们写道，"这些联结方式会返回原处，盘旋着转动，就像一堆缠绕在一起的意大利细面条，从其他联结方式那里卷进卷出，但几乎不离开盘子。"

我们的态度和行为不仅会感染与我们直接交往的人，比如同事、朋友和家人，而且每个人实际能影响的人数似乎是身边人数的三次方。因此，当你运用这些法则在生活中做出积极改变时，你已经无意识地塑造了相当多人的行为。正如福勒解释的那样："我知道我不仅对我的儿子有影响，我还潜在地影响着我儿子最好的朋友的妈妈。"这一影响是累积的，福勒和克瑞斯塔卡斯估计，在我们大部分人的三次方内有将近 1 000 人。这是真正的连锁效应，通过努力让自己变得更积极、更成功，我们实际上有能力改善周围 1 000 个人的生活。

> **"我们有能力改善身边 1 000 个人的生活。"**

这一点听起来似乎有点牵强附会。要明白为什么我们的行为如此有感染力，我们的影响如此强大，让我们首先去看一看我喜欢的一个实验。

神奇的镜像反应

我的大部分演讲都首先要求听众分成每两人一组，接着说出下面的话。

> 你们非常出类拔萃，这部分要归功于你们令人印象深刻的自律。你们运用自律去学习，这使得你们通过了需要学习的所有课程，你们运用

---

① 该书主要探讨社会网络是如何形成的以及对人类现实行为有哪些影响，已于 2017 年 8 月由湛庐策划、北京联合出版有限公司出版。——编者注

自律申请向往的学校和工作，并足够成功，因此今天能在这个房间里听这场报告。在这里，我想让你们运用过去几十年来一直培养的自律来做下面的事情。在接下来的 7 秒钟内，不管你们的搭档说什么或者做什么，我想让你们都不要表现出任何情绪反应，不要生气、悲伤或者沮丧，不要微笑或者大笑。要完全地面无表情。不管发生了什么都不要流露出情绪。

然后我要求每一组的另一个人只是简单地看着搭档的眼睛并真诚地向他微笑。这个实验我已经在世界各地的不同组织里做了几百遍，参与的人从紧张的新员工到专爱唱反调的"刺头"都有。实验结果总是相同的。实际上没有人能忍着不对搭档的微笑做出回应，大部分人几乎立刻就笑了起来。不管是在公司大规模裁员的那一周，还是在股市骤跌 600 点时做这个实验，我都看到了相同的不由自主的微笑。即使在那些微笑没有被作为社会规范的地方，80%～85% 的参与者都忍不住微笑起来。

这个实验真的相当不可思议。毕竟，如果这些人拥有足够的自律和专注力，以保证一天工作 10～16 个小时，能够领导全球的团队，并管理上百万美元的项目，那么他们应该能够应对这样一个简单的任务：控制他们的面部表情仅仅 7 秒钟，对吧？但事实是，他们不能。这是因为在他们的大脑里发生了某些他们甚至不能自觉意识到的事情。这一神秘的力量就是连锁效应的基础。

一个星期五的傍晚，我抵达了澳大利亚，虽然有些疲倦，但我对于首次澳洲之旅还是感到异常兴奋。那个周末，我特意去参观了悉尼歌剧院、树袋熊公园和港湾大桥，而周一我则被安排在悉尼市中心为经理人做培训。但我首先要进行我热衷的一项商务旅行仪式：找一个当地的酒吧，观看当地的体育比赛，听听当地人讲话。这时电视上即将直播一场重要的橄榄球比赛，我幸运地找到了一个凳子坐下。很快，喧闹的人群围过来观看起比赛。

比赛才刚刚开始，一个球员就被狠狠地击倒了。当时他正抱着球跑，另一个球员迅速用肘部击向他的脸，他应声倒地，在我看来这一重击是正常人所承受不了的。整个酒吧爆发出一片呻吟声。我右边的那个人把手放到他的脸上，正好是那个球员被击中的部位。然后我注意到坐在他旁边的人做了同样的动作。接着，我惊奇地意识到，我也做了同样的动作。

当时，我们是在悉尼的一个酒吧里，而比赛是在布里斯班的一个体育场里举行，距离这儿几百公里远。我们中没有人被击中，也没有人被不明来路的肘部所攻击。然而我们都有不由自主且明显的身体反应，就好像我们自己被击中了一样。

在澳大利亚的酒吧里发生的事情与我做微笑实验时发生的事情是相同的。但是一直到近些年，科学家们才最终发现了探测大脑内部的技术，揭开了其背后的原因。他们发现的是某种被称为镜像神经元的东西：这种专门的脑细胞实际上能感觉并模仿另一个人的感受、行为和身体感觉。比如一个人被针扎了一下，他大脑疼痛中心的神经元会立刻兴奋起来，这没有什么可奇怪的。但奇怪的是，当这个人看到别人被针扎了一下时，他同样的神经元也会兴奋起来，就好像自己被扎了一样。换句话说，他实际上感受到的是针扎的疼痛的暗示，即使他自己并没有被针碰到。如果这听起来不可思议，请相信我，这一结果已经在其他无数的实验中被一再重复，涉及的感觉包括疼痛、恐惧、快乐和厌恶等。

实际上，我敢打赌，你在日常生活中也有过类似的经历。当你坐在沙发上看高尔夫球节目，而节目里一个人正在挥杆时，你会发现自己的身体也不由自主地随着他摆动的方向移动。很明显，你的大脑知道你正坐在沙发上吃着薯片，但你大脑的另一小部分——镜像神经元所在的地方，认为你在户外的绿茵场上。顺便提一下，这也是运动员们观看训练录像和进行视频比赛的原因，因为即使没有身体上的练习，这一练习也会增强大脑的联结。然后，由于大脑里的镜像神经元常常紧邻着运动神经元，被复制的感受常常引起被复制的行为，甚至在你不知道的情况下忽然开始移动身体，就好像你在挥着高尔夫球杆一样。这就是为什么微笑如此富有感染力，为什么婴儿会自动模仿父母有趣的表情。这也是为什么在布里斯班举行的比赛中有人被肘击中脸部时，立刻引起悉尼一个酒吧里观看比赛的橄榄球迷们痛苦地触摸自己的脸。

工作中的群体情绪更容易传染

这种现象并非身体感觉或行为所独有，由于这些镜像神经元的存在，我们的情绪也具有非常大的感染力。每一天，我们的大脑都在不断地加工周围人的感受，留意他人声调的抑扬变化、眼神背后的表情以及肩膀的倾斜。实际上，大脑内的杏仁核能在 30 毫秒内读出和识别另一个人脸上的情绪，然后快速地诱发我们产生同样的情绪。除了这一无意识的过程，人们也有意识地评价着周围人的心情并相应地采取行动。这两个过程一起发挥作用，使得情绪从一个人身上立即跳到另一个人身上成为可能。实际上，研究表明，当三个陌生人在一个房间里相遇时，表达情绪最多的那个人仅仅在两分钟内就能把他的情绪传递给另外两个人。

不幸的是，情绪感染的力量意味着明显的消极情绪几乎可以立刻传染给一群人。戈尔曼很好地说明了这一点："就像二手烟一样，情绪的流露能使一个旁观者成为别人有害情绪的无辜受害者。"这意味着，当我们感到焦虑或者抱

> **"就像二手烟一样，情绪的流露能使旁观者成为无辜的受害者。"**

有明显的消极心态时，这些感受将渗透到我们的每一次交往中。你也许已经注意到，当你的上司拉着脸走进会议室时，这种坏情绪只用几分钟就会传播到整个房间。而且影响将从那里开始向外扩散，当员工返回自己的办公室时，他会把消极情绪传播给周围的所有人。如果仅仅两分钟就能产生这样的影响，那么

想象一下与一个明显消极的人共处两周或者两年会有什么影响。实际上，情绪能够被共享。组织心理学家发现，每个工作场所都发展了它自己的群体情绪，或称"群体情感基调"，随着时间的积累会产生共同的"情绪规范"，这一"情绪规范"会由于员工的行为（包括言语的和非言语的）而得到扩散和加强。我们都承受过有害的情绪规范所带来的痛苦的工作氛围，现在我们也知道我们的最终效益会因此而受到损害。

幸运的是，积极情绪也是具有感染性的，这使它成为在工作中取得高绩效的一个强大工具。当人们无意识地模仿周围人的肢体语言、音调和面部表情时，积极情绪的感染就开始了。人们一旦模仿与这些情绪相关的身体行为，就会感受到情绪本身，这也许听起来有点不可思议。比如微笑这一行为诱使你的大脑认为你是快乐的，因此它开始产生能实际让你快乐的神经化学物质，科学家们将之称为"面部反馈假说"，它是"伪装直到你真的做到了"这一建议的基础。虽然真正的积极情绪总是会战胜虚假的积极情绪，但有明显证据表明，改变你的行为，甚至你的面部表情和姿态，就会引起情绪的变化。

因此，你周围的人越快乐，你就将变得越快乐。这就是我们在一个充满笑声的电影院里观看一部有趣的电影会笑得更多的原因。同样地，我们在工作中越快乐，我们就向同事、团队成员和客户传递了越多的积极情绪，这最终能使整个工作团队的情绪向积极的一面倾斜。

没有人能比耶鲁大学心理学家西加尔·巴萨德（Sigal Barsade）更完美地阐释这一多米诺骨牌效应了。他实施了一项实验，分配给志愿者一个小组任务，然后秘密地指导一名小组成员表现出明显的积极情绪。然后他给整个过程录像，追踪了小组成员在参与前和参与后的情绪，并评估每个人和小组在任务上的表现。结果非常显著：当这名积极的团队成员进入会议室时，他的情绪立即变得具有感染性，传播到整个房间，影响了周围的人。而且，这种积极情绪改善了每个团队成员的表现，同时也提高了整个小组完成任务的能力。这些团队冲突更少、合作更多，最重要的是，在完成任务上有更好的整体表现。因此，仅仅一个积极的团队成员——一个利用积极特质的人，就能影响周围人的态度和表现，同时影响整个小组的活力和成绩。

当然，有些人比另一些人对群体的情感基调有更强大的影响。对刚开始这样做的人来说，越真诚地去表达，他们的心态和感受就传播得越多。但是如果公开地表达积极情绪对你来说不是那么自然，也可以通过其他方式使你的积极情绪变得具有感染力，比如加强社会联结。社会联结越强大，你的影响力就越大。你或许已经注意到，当与一个亲近的朋友在一起时，你们会感受到彼此间的协调。这是因为你大脑情绪中心的神经活动实际上反映出了对方的神经活动，反之亦然。很快你们就开始同步，就像两架钢琴在弹同一首曲子。当你们在走廊中并肩走路时，你们的胳膊和腿甚至会同步摇摆。你们两人处于和谐状态，这是积极的社会联结的基础和传播积极特质的主要渠道。和谐要求我们付出全部的注意力、热情和协调一致的反应。作为回报，我们感受到了一种共鸣，这不仅增加了我们的快乐，而且实际上使我们变得更成功和更有效率。在和谐状态下工作的员工能更有创意和更高效地思考，和谐的团队能达到更高水平的绩效。他们的思想协调一致，他们的大脑实际上在作为一个整体工作。

我们的社会投资越多，达到这种和谐水平的机会就越多，这反过来又使我们的行为更具感染力。因此，当模仿激发高绩效的心态和习惯时，其实我们也正把这些心态和习惯慢慢灌输给同事、朋友和所爱的人。由经济学家布鲁斯·萨塞尔多特（Bruce Sacerdote）对达特茅斯学院学生实施的一项研究阐明了这一影响是多么强大。他发现，当平均成绩低的学生开始与平均成绩高的学生住在一起时，前者的平均成绩也提高了。研究者指出："似乎好的学习习惯会影响坏的学习习惯，这样成绩好的学生就会把同屋成绩差的学生的平均成绩向上拉。"

做传播积极特质的那只蝴蝶

建立和谐关系从而扩大影响力的一种方法是眼神的接触。研究表明，当两个人互相看着对方眼睛时，他们之间的和谐关系就会增强，这证实了"总是看着他人的眼睛"这一古老的商业智慧实际上是有科学依据的。这也是情侣会经常对对方说"当我对你说话时请看着我"的原因。每一次眼神接触都让我们的镜像神经元开始启动，当它们开始启动时，会产生更好的表现，不管我们是在会议室还是在卧室。

如果你处于领导地位，引发积极情绪的感染力会倍增。研究发现，当领导者处于积极情绪中时，他们的员工更有可能产生积极情绪，互相表现出亲社会的助人行为，并能更高效、轻松地协调任务。不管你最初的感受如何，如果坐在一个没有笑容或者焦虑的上司旁边太长时间，你会感到悲哀或者沮丧。而如果你的上司正在运用这7个法则提高他的积极情绪，那么你只是靠近他，就会感受到它的益处，不仅是更多的快乐，还有随之而来的所有益处。我们现在知道，处于积极情绪下的人能更富有创意和理性地思考，能更好地解决复杂的问题，甚至成为更好的谈判者。毫不奇怪，善于积极表达的CEO，更可能拥有积极的员工，员工也会认为自己的工作氛围有助于提高绩效。关于体育团队的类似研究发现，不仅一位积极的运动员足以影响整个团队的士气，而且整个团队越积极，他们表现得就越好。因此即使你没有主动地试图改变你的领导方式，运用7个法则来提高你的积极性也将会改变整个团队的活力和表现。

"善于积极表达的CEO，更可能拥有积极的员工。" 这意味着领导的榜样作用不再是一曲空洞的颂歌。这7个法则实际上能变成你最有效的领导工具，甚至是在你不知道的情况下。以一位管理者为例，他每天晚上睡觉前都会写下一个感恩列表。当第二天召开团队晨会时，他的心态让他可以发现更多积极的机会，这促使他去赞美员工。这样做的效果是：首先，诱发了得到赞美的员工的积极情绪，这有助于他更有创意和更高效地思考；其次，给予他一种目标的实现感——不管目标有多小，从而给予他信心去追求更大的目标；最后，为在管理者与员工之间建立高质量的联结提供了活力，并巩固了整个团队的凝聚力和组织承诺。所有这些都保证了会议室的每个人将积极情绪传播到向他们报告的人那里，以此类推，直到每个人以及整个组织都从中获益。因此，一名管理者个人在家开始的练习就可以逐渐渗透影响到组织中各个层级的人。

据说一只蝴蝶扇动翅膀能在半个地球之外引起龙卷风，这就是著名的蝴蝶效应。按照这一理论，蝴蝶翅膀的扇动也许只是一个微小的动作，但它产生了一阵微风，最终积聚了越来越大的速度和力量。换句话说，一个非常小的变化就能引发一系列更大的变化。

我们每个人就像那只蝴蝶。每一次朝着更积极心态的小行动都能把积极的涟漪扩散到组织、家庭和社区中。还记得第一部分中谈到的我们永远也不能了解自己的潜能所能达到的程度吗？连锁效应就是影响和力量没有极限的一个完美例子。

当你利用积极特质时，你所做的远远不仅是提高自己的幸福感和表现。你从本书的法则中获益越多，你周围的人获益就越多。在"法则1"中，我们谈到了发生在心理学领域的哥白尼革命，正如哥白尼发现地球实际上在围绕太阳转一样，最近在积极心理学和神经科学上的研究告诉我们，成功实际上围绕着积极运转，而不是反过来。结果证明，正如你在"终极法则"中所看到的，这一发现甚至比我们能想象得到的更有革命性。因为现在我们也知道，不仅我们个人的成功围绕着积极运转，通过在自己身上做出改变，我们实际上能把积极特质传播给团队、组织以及身边的每个人。

　　对我而言，有时候感觉翻译的过程就如同孕育一个小生命。在孩子没有真正来到你面前时，你总是不由自主地在头脑中想象小家伙的模样，心里存有许多期待，期待着一个如自己想象般完美的孩子的诞生。但现实是：你永远不可能翻译出完美的作品，就好像你永远不可能拥有完美的孩子一样。但是看着那个独特的孩子降临时，你会忽然感到所有的付出都是值得的。

　　翻译本书的过程也是一个学习的过程。作为哈佛大学的教师和《财富》500强企业的培训师，作者不仅向我们展示了积极心理学和神经科学领域的最新研究成果，把积极特质所蕴藏的巨大力量从科学角度加以证实，而且还把这些成果成功地应用于企业，同时还有鲜活的现身说法，这些都提高了本书的实用性和可读性。本书兼具科学的严谨性和实践的可操作性，又不乏幽默感，对于所有想提高积极情绪指数和成功指数的人来说，它都具有实际的参考价值。书中提到的原则看似简单，但正如作者所言，"常识不等于普遍的行动"。只有当我们在工作和生活中开始践行这些原则时，积极特质才能在我们自己身上、周围的人以及组织中得以彰显。

在本书的翻译过程中，我得到了许多人的支持和帮助，尤其是我的爱人欧阳韬，他对全书都进行了审校，对翻译中存疑的地方进行了修改和核实，对文字进行了适当的润色，在此表示深深的感谢。另外，在翻译过程中，我还得到了师武喜、师娇珍、欧阳喜凯、杨桂芳和欧阳毅衡的帮助与支持。

由于本人水平有限，翻译中难免出现错误和不当之处，还望读者批评指正。

未来，属于终身学习者

我这辈子遇到的聪明人（来自各行各业的聪明人）没有不每天阅读的——没有，一个都没有。巴菲特读书之多，我读书之多，可能会让你感到吃惊。孩子们都笑话我。他们觉得我是一本长了两条腿的书。

——查理·芒格

互联网改变了信息连接的方式；指数型技术在迅速颠覆着现有的商业世界；人工智能已经开始抢占人类的工作岗位……

未来，到底需要什么样的人才？

改变命运唯一的策略是你要变成终身学习者。未来世界将不再需要单一的技能型人才，而是需要具备完善的知识结构、极强逻辑思考力和高感知力的复合型人才。优秀的人往往通过阅读建立足够强大的抽象思维能力，获得异于众人的思考和整合能力。未来，将属于终身学习者！而阅读必定和终身学习形影不离。

很多人读书，追求的是干货，寻求的是立刻行之有效的解决方案。其实这是一种留在舒适区的阅读方法。在这个充满不确定性的年代，答案不会简单地出现在书里，因为生活根本就没有标准确切的答案，你也不能期望过去的经验能解决未来的问题。

而真正的阅读，应该在书中与智者同行思考，借他们的视角看到世界的多元性，提出比答案更重要的好问题，在不确定的时代中领先起跑。

湛庐阅读App：与最聪明的人共同进化

有人常常把成本支出的焦点放在书价上，把读完一本书当作阅读的终结。其实不然。

时间是读者付出的最大阅读成本

怎么读是读者面临的最大阅读障碍

"读书破万卷"不仅仅在"万"，更重要的是在"破"！

现在，我们构建了全新的"湛庐阅读"App。它将成为你"破万卷"的新居所。在这里：

● 不用考虑读什么，你可以便捷找到纸书、电子书、有声书和各种声音产品；

● 你可以学会怎么读，你将发现集泛读、通读、精读于一体的阅读解决方案；

● 你会与作者、译者、专家、推荐人和阅读教练相遇，他们是优质思想的发源地；

● 你会与优秀的读者和终身学习者为伍，他们对阅读和学习有着持久的热情和源源不绝的内驱力。

从单一到复合，从知道到精通，从理解到创造，湛庐希望建立一个"与最聪明的人共同进化"的社区，成为人类先进思想交汇的聚集地，与你共同迎接未来。

与此同时，我们希望能够重新定义你的学习场景，让你随时随地收获有内容、有价值的思想，通过阅读实现终身学习。这是我们的使命和价值。

CHEERS

本书阅读资料包

给你便捷、高效、全面的阅读体验

本书参考资料
湛庐独家策划

- ☑ **参考文献**
  为了环保、节约纸张，本书注释与参考文献以电子版方式提供

- ☑ **主题书单**
  编辑精心推荐的延伸阅读书单，助你开启主题式阅读

- ☑ **图片资料**
  部分图片提供高清彩色原版大图，方便保存和分享

相关阅读服务
终身学习者必备

- ☑ **电子书**
  便捷、高效，方便检索，易于携带，随时更新

- ☑ **有声书**
  保护视力，随时随地，有温度、有情感地听本书

- ☑ **精读班**
  2~4周，最懂这本书的人带你读完、读懂、读透这本好书

- ☑ **课　程**
  课程权威专家给你开书单，带你快速概览一个领域的知识全貌

- ☑ **讲　书**
  30分钟，大咖给你讲本书，让你挑书不费劲

湛庐编辑为您独家呈现
助您更好获得书里和书外的思想和智慧，请扫码查收！

（阅读资料包的内容因书而异，最终以湛庐阅读App页面为准）

本书中文简体字版经 Shawn Achor 授权，由中国纺织出版社有限公司独家出版发行。本书内容未经出版者书面许可，不得以任何方式或任何手段复制、转载或刊登。

著作权合同登记号：图字：01-2021-5367 号

版权所有，侵权必究

本书法律顾问　北京市盈科律师事务所　崔爽律师

张雅琴律师

图书在版编目（CIP）数据

发现你的积极优势 / (加) 肖恩·埃科尔 (Shawn Achor) 著；师冬平译. -- 北京：中国纺织出版社有限公司，2021.9

书名原文: The Happiness Advantage

ISBN 978-7-5180-8842-3

Ⅰ. ①发… Ⅱ. ①肖… ②师… Ⅲ. ①成功心理—通俗读物 Ⅳ. ①B848.4-49

中国版本图书馆CIP数据核字（2021）第177356号

责任编辑：闫　星　责任校对：高　涵　责任印制：储志伟

中国纺织出版社有限公司出版发行

地址：北京市朝阳区百子湾东里 A407 号楼　邮政编码：100124

销售电话：010—67004422　传真：010—87155801

http://www.c-textilep.com

中国纺织出版社天猫旗舰店

官方微博 http://weibo.com/2119887771

天津中印联印务有限公司印刷　各地新华书店经销

2021年9月第1版第1次印刷

开本：710×965　1/16　印张：13.25

字数：196千字　定价：79.90元

凡购本书，如有缺页、倒页、脱页，由本社图书营销中心调换